【新型农民职业技能提升系列】

设施花卉生产与插花技艺

主　编　王冬良
副主编　陈友根　李　委

时代出版传媒股份有限公司
安徽科学技术出版社

图书在版编目(CIP)数据

设施花卉生产与插花技艺 / 王冬良主编. --合肥:安徽科学技术出版社,2023.12
助力乡村振兴出版计划. 新型农民职业技能提升系列
ISBN 978-7-5337-8646-5

Ⅰ.①设… Ⅱ.①王… Ⅲ.①花卉-栽培技术②插花-装饰美术 Ⅳ.①S68②J525.12

中国版本图书馆 CIP 数据核字(2022)第 235230 号

设施花卉生产与插花技艺 主编 王冬良

出 版 人:王筱文 选题策划:丁凌云 蒋贤骏 余登兵 责任编辑:程羽君
责任校对:李 茜 责任印制:廖小青 装帧设计:冯 劲
出版发行:安徽科学技术出版社 http://www.ahstp.net
(合肥市政务文化新区翡翠路 1118 号出版传媒广场,邮编:230071)
电话:(0551)63533330
印 制:合肥华云印务有限责任公司 电话:(0551)63418899
(如发现印装质量问题,影响阅读,请与印刷厂商联系调换)

开本:720×1010 1/16 印张:8 字数:120 千
版次:2023 年 12 月第 1 版 印次:2023 年 12 月第 1 次印刷

ISBN 978-7-5337-8646-5 定价:35.00 元

【新型农民职业技能提升系列】

（本系列主要由安徽农业大学组织编写）

总主编：李　红

副总主编：胡启涛　王华斌

出版说明

“助力乡村振兴出版计划”(以下简称“本计划”)以习近平新时代中国特色社会主义思想为指导,是在全国脱贫攻坚目标任务完成并向全面推进乡村振兴转进的重要历史时刻,由中共安徽省委宣传部主持实施的一项重点出版项目。

本计划以服务乡村振兴事业为出版定位,围绕乡村产业振兴、人才振兴、文化振兴、生态振兴和组织振兴展开,由《现代种植业实用技术》《现代养殖业实用技术》《新型农民职业技能提升》《现代农业科技与管理》《现代乡村社会治理》五个子系列组成,主要内容涵盖特色养殖业和疾病防控技术、特色种植业及病虫害绿色防控技术、集体经济发展、休闲农业和乡村旅游融合发展、新型农业经营主体培育、农村环境生态化治理、农村基层党建等。选题组织力求满足乡村振兴实务需求,编写内容努力做到通俗易懂。

本计划的呈现形式是以图书为主的融媒体出版物。图书的主要读者对象是新型农民、县乡村基层干部、“三农”工作者。为扩大传播面、提高传播效率,与图书出版同步,配套制作了部分精品音视频,在每册图书封底放置二维码,供扫码使用,以适应广大农民朋友的移动阅读需求。

本计划的编写和出版,代表了当前农业科研成果转化和普及的新进展,凝聚了乡村社会治理研究者和实务者的集体智慧,在此谨向有关单位和个人致以衷心的感谢!

虽然我们始终秉持高水平策划、高质量编写的精品出版理念,但因水平所限仍会有诸多不足和错漏之处,敬请广大读者提出宝贵意见和建议,以便修订再版时改正。

本册编写说明

当前，我国设施农业正逐渐向生态农业、数字农业及智慧农业等方向发展，对促进农业供给侧结构性改革、推进乡村振兴战略的实现具有重要作用。设施花卉栽培在设施农业生产中始终占有举足轻重的地位，是许多国家或地区发展国民经济的重要支柱产业。同时，设施花卉的发展规模和科技水准，已成为衡量一个国家或地区农业现代化水平的标志。设施作物栽培由于具有环境可控、技术集约和资本集约等特点，可以提高农业资源的利用率。设施花卉栽培不仅使作物单位面积产量和品质大幅度提高，还保证了花卉的周年均衡供应，成为解决农业发展、资源、环境三大基本问题的重要途径。

近年来，花卉日益进入人们的生活，花卉栽培新技术、新模式及花卉的应用越来越受到人们的重视。本书介绍了设施花卉栽培学的发展现状及最新的栽培技术，体现了知识的系统性、实用性和前瞻性。本书结合图片讲解部分艺术原理，将原理与花卉插作过程联合起来，将理论和实践更好地融合，通俗易懂，实用性强，帮助花卉爱好者更好地掌握书本上的知识。

本书分为两部分内容：第一部分主要介绍设施花卉栽培的概况、花卉栽培设施，设施花卉肥水管理技术、设施花卉繁殖技术、主要花卉设施栽培技术；第二部分主要介绍插花艺术的概述、插花器具与花材、插花的色彩、插花基本原理和技能、东西方的传统式插花、现代自由式插花。

目 录

第一章 设施花卉栽培概况

第一节 设施花卉栽培的特点

设施花卉栽培，是指应用设备或采取一些措施对花卉进行保护生产。因花卉种类、栽培措施、栽培季节和花卉栽培设备不同，与露地生产相比，设施花卉栽培具有以下特点。

一 需要特殊的设备

保护设备大体可分为大型设备、中小型设备和简易设备。大型设备有塑料薄膜大棚、单栋温室和连栋温室等。中小型设备有中小型拱棚、温床等。简易设备有风障、地膜等。

应根据当地的自然条件、经济条件、市场需要、栽培季节、栽培目的和技术水平等，选用适合的配套设备进行生产。

二 高投入、高产出

设施花卉栽培除需要设备投资外，还需加大生产投资，实现在单位面积上获得产量高、品质优的产品，提早或延长（延后）供应期，提高生产率，增加收益。

三 需要创造小气候条件

花卉的设施栽培，是在不适宜其生长发育的季节进行生产，因此设施设备中的环境条件，如温度、光照、湿度、营养、水分及气体条件等，要靠人工进行创造并调节控制，以满足花卉生长发育的需要。

四 需要较高的栽培管理技术

设施花卉栽培需了解不同花卉在不同生长发育阶段对外界环境条件的需求，并掌握保护设备的性能，从而创造适宜花卉生长发育的气象及土壤等方面的条件，及时调节小气候条件和采取相应的农业技术措施。

五 能充分利用当地资源

设施花卉栽培需充分利用太阳的光热进行增温，并用设施进行防寒保温，温度不足时进行加温或补充加温。有条件的地区应充分利用太阳的光热、温泉地热、生物酿热、工业的热气等热能进行设施的加温。

六 需要进行专业化生产

建设固定的大棚、温室群及相关的附属设备，才能保证周年生产。因此，必须建立专业组织，进行专业化生产，以提高设备的利用率，逐步实现生产现代化。

第二节 设施花卉栽培的现状

设施栽培是花卉生产的发展方向，发达国家设施花卉栽培占比逐年增大。温室结构标准化、环境调节自动化、栽培管理机械化、栽培技术科学化和生产专业化已成为国际花卉生产的主流。

一 国外设施花卉栽培的现状

从世界各国花卉业的情况来看，荷兰、以色列、哥伦比亚等国的花卉业比较发达，对设施栽培也比较重视，尤其是对无土栽培。荷兰是世界上拥有现代化温室最多的国家。温室可根据各种花卉所需温、光、水、气、肥等要素装置设施，以实现管理的高度自动化和现代化，使植株生长一致、产量高、质量好，极大地提高了花卉商品竞争力。以色列则已是花卉业的后起之秀，其设施花卉栽培生产规模占以色列整个花卉生产的30%以上，其滴灌系统与喷灌系统已十分发达，控湿系统、计算机调控技术也已达到相当高的水平。

大部分地区在花卉等园艺产品生产过程中的各个环节都可通过技术手段实现自动化、智能化控制。基质处理系统、自动播种系统、自动上盆系统、室内物流系统等可有效降低人工成本，完成高效、相对标准化的生产，并且有更多设备能够通过手机软件进行远程监控，操作方便。

二 我国设施花卉栽培的现状

统计表明，2016年全国花卉保护地栽培面积仅占花卉总种植面积的8.73%，现代化温室栽培占全国花卉保护地栽培面积的1/5，难以保证周年生产、智能化生产和集约化经营。其中，江苏、广东、四川、云南、浙江、福建、山东、辽宁的保护地栽培面积均超过6000万平方米，是我国重要的盆花和切花生产大省。

近年来，设施花卉生产逐步引入新型清洁能源（光伏、地热等）与绿色生产技术、新型保温材料（纳米材料等）与技术、散射膜材料（纳米材料等）与控光系统、水肥气热光精准控制技术（基于植物生命需求规律、物联网、云计算、大数据等）、特有产品的个性化技术（私人定制系统）、富碳农业与设施农业的结合、省力化配套机械的开发与应用、标准化生产技术（容器化、基质化）等。总体而言，随着技术创新，新能源、新技术在设施花卉中的应用，我国花卉栽培设施趋向现代化发展，设施栽培水平有很大提高，奠定了我国设施花卉生产的基础。

1.我国设施花卉栽培面临的问题

（1）设施花卉的先进程度有待提高。我国目前90%以上温室栽培的设备较为简陋，技术设备也不规范，缺乏科学量化的管理设备和体系，严重影响了花卉栽培的质量和产量。例如，相关专家研究调查发现，我国鲜切花的平均产能为50~80朵/米^2，只占世界综合产能的一半，而且花卉质量也只能达到三级水平。

(2)设施花卉的栽培效率有待提高。虽然我国花卉栽培面积居世界第一,但是由于我国花卉的设施管理体系不健全,缺乏先进的、科学的管理设施和技术设备,我国设施花卉栽培的产量和栽培效率都远远不及欧美国家。据调查发现,我国人均温室管理面积只占欧洲国家的2%,占美国的0.3%。

2.设施花卉栽培的发展趋势

(1)与现代工业技术进一步结合,加快关键技术开发。我国目前常用的温室覆盖材料与国外有一定差距,尤其是塑料薄膜在透光、抗老化、防结露等方面存在严重不足。温室的结构、功能不佳也是阻碍技术发展的瓶颈问题。因此,温室大型化、覆盖材料多样化、环境控制自动化、作业机械化是我国在设施栽培上发展的主要趋势。

(2)设施装备制造与花卉产品向标准化发展。设施花卉栽培要形成产业,进行大面积推广应用,从设计到施工安装及运行管理的各个环节就必须具备合理的质量标准、行业规范。其工艺与生产技术规程标准、花卉作物质量及检测技术标准对促进花卉产业化生产和发展具有重要意义。

(3)发展适应我国国情的现代化智能温室势在必行。我国日光温室的效益普遍较好,日光温室在我国很长一段时间内都会占据主导地位。因此,加强科学攻关,设计开发能耗低、环境控制水平高、适宜我国经济发展水平又能满足不同生长气候条件的现代化智能温室势在必行。

(4)推进设施农业的产业化进程。产业化体系包括设备设施与环境工程、种子工程、产后处理、采后保鲜等,是设计、制造、生产、销售,农科贸一体化的系统。所以,统一协调的大型产业集团也是时下发展的重点方向之一。

(5)新品种培育及温室技术、管理、开发人才的培养。我国设施栽培与世界先进国家的差异,其本质就是人才的差距。培养花卉新品种培育、温室系统化管理技术专门人才,提高管理和生产的水平。目前,无土栽培的进一步发展、温室生物防治的初步发展、温室喷灌和滴灌节水系统的广泛应用,都是缩小我国设施花卉栽培技术与先进技术之间差异的有效措施。以市场为导向,以科技为先导,集成国内外农业高新技术,大幅度提高单位面积产量与效益,走适合我国国情的现代化设施花卉栽培发展道路。

第二章 花卉栽培的设施

花卉栽培设施指人为建造的适宜或保护不同种类花卉正常生长发育的各种建筑及设备，主要包括温室、塑料大棚、荫棚、风障、冷床、温床、冷窖和冷库等，还包括一些其他栽培设施如机械化、自动化设备，以及各种机具、机器和容器等。人们利用栽培设施创造适合花卉生长的环境条件，集世界各地、有不同生态环境要求的花卉于一地，并进行周年生产，以满足人们对花卉日益增长的需求。

第一节 温　室

温室是以透明覆盖材料作为全部或部分围护结构材料，可在冬季或其他不适宜露地植物生长的季节供栽培植物生长的建筑。

温室是所有设施类型中十分完善的一种。利用温室可以摆脱自然条件的束缚，冬季可进行人工加温，夏季可进行遮阴降温。因此，温室是北方栽培花卉植物的重要设施之一。

一、温室结构

温室结构包括屋架、墙（山墙和后墙）、地基、加温设备与覆盖物（薄膜与草帘）等。屋架可分为前屋面和后屋面。

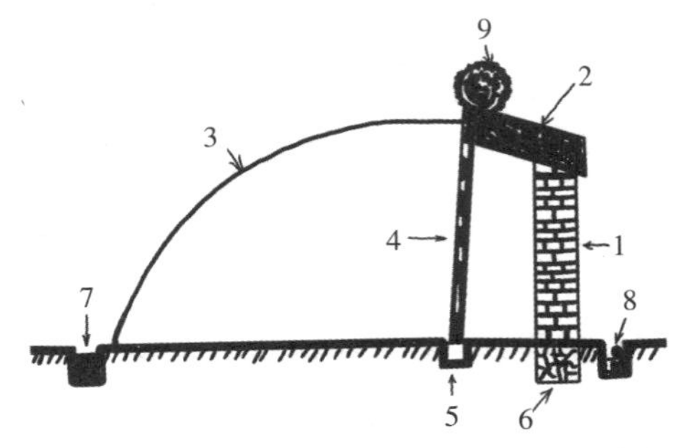

1.后墙　2.后屋面　3.前屋面　4.中柱　5、6.地基　7、8.防寒沟　9.保温材料

图2-1　温室结构

二 温室的种类及特点

1.根据用途分类

（1）观赏性温室。观赏性温室一般用于陈列、展览、普及科学知识，多设于公园和植物园内，要求外形美观、高大，便于游人游览、观赏、学习等。

（2）生产性温室。生产性温室一般以生产为目的，以满足花卉生长发育的需要和经济实用为原则，外形简单、低矮，热能消耗较少，室内生产面积利用充分，有利于降低生产成本。

（3）试验研究性温室。试验研究性温室的特性是介于普通温室和人工气候箱之间的，要求提供精度较高的试验研究条件，对建筑和设备要求更高，需要配置更多的自动化装置。由于试验研究性温室普遍面积较小，对气候条件的控制精度要求较高，所以，其内部温湿度控制一般由空调机组来实现，采用人工光源。

2.根据温室温度分类

（1）高温温室。高温温室的室温一般为 18~36 ℃，主要栽培原产于热带平原地区的花卉，也可用于花卉的促成栽培。原产于热带的变叶木，生长期适温为 15~30 ℃。最低温度达 10 ℃时，该类植株则会生长不良。

（2）中温温室。中温温室的室温一般为 12~25 ℃，主要栽培原产于亚热带的花卉和对温度要求不高的热带花卉。该类观赏植物生长期适温为 8~15 ℃（夜间最低温度为 8~10 ℃），如仙客来、香石竹等。

（3）低温温室。低温温室的室温一般为 5~20 ℃，主要栽培原产于暖温带的花卉及对温度要求不高的花卉。其中，大部分种类的植株生长期温

度在5~8 ℃(夜间温度应在3~5 ℃),如报春类、小苍兰类、茶花、瓜叶菊等。

三 温室管理技术要点

1.充分利用太阳能,改善温室光照条件

管理上要充分利用光照,增加光照时间,冬季要在不影响室温条件下,早揭早盖(早上8点至8点半揭,下午3点至3点半盖)。保证一天有7小时光照时间。阴天也要揭开草帘利用散射光。此外,还要经常保持覆盖物清洁,温室内后墙和柱子应刷白色或挂反光膜增加反射光。

2.增加热量贮存,减少热量消耗

节能是当前世界保护地栽培研究的重要课题。温室节能措施要从管理角度入手。需要做到在充分利用太阳能的基础上,尽量把热量保存起来以减少浪费。

3.增施有机肥,改善土壤理化性质

4.水分管理

水分管理要因不同作物、不同季节和不同天气而异,应尽量避免在阴雪天灌水。

5.选择适宜的花卉种类

四 温室大棚光、温等调节

1.光照调节

光照调节包括补光(可用高压钠灯、白炽灯、日光灯)、遮光(可用黑膜、黑布)、遮阴(可用遮阳网、反光膜)等。

2.温度调节

温度调节包括加温(可用锅炉、管道)、保温(可用保温被、无纺布等)、降温(可通过喷雾、遮阴、通风、增设水帘)等。

3.其他

增加设备,如二氧化碳发生器、硫黄熏蒸器、喷滴灌、移动栽培床、防虫网等。

第二节　塑料拱棚

塑料拱棚是一种简易、实用的保护地栽培设施，可用来代替温床、冷床，甚至可以代替低温温室，而其建造费用仅为建一座温室费用的十分之一左右。塑料薄膜具有良好的透光性，白天可使地温升高 3 ℃左右，夜间气温下降时，塑料薄膜又因其透气性，可减少热气的散发，从而起到保温作用。

一 塑料拱棚的结构

塑料拱棚骨架由立柱、拱杆（架）、纵拉杆（纵梁）、压杆（压膜绳）等部件组成。建造拱棚骨架所使用的材料比较简单，材料规格要求并不高，所以拱棚骨架的造型和建造都很容易。棚膜一般采用塑料薄膜，生产中常用的薄膜材料有聚氯乙烯（PVC）、聚乙烯（PE）等。

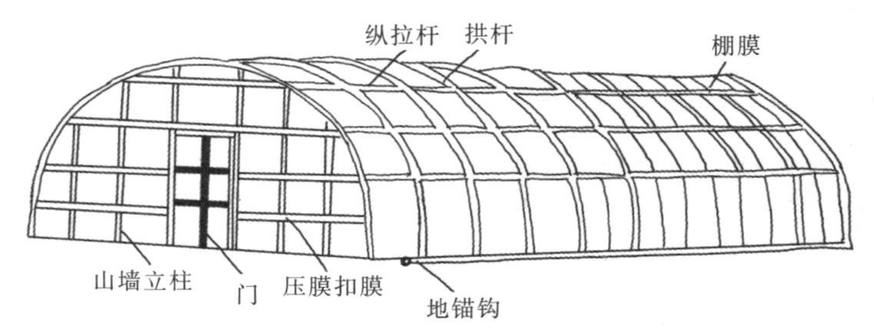

图2–2　塑料拱棚的基本结构

二 塑料拱棚的规格

各地的塑料拱棚大小不一，主要有以下三种规格。

小拱棚：棚长 10~20 米，棚宽 1~4 米，高 0.8~1.6 米，此种拱棚虽不便于作业，但便于用草帘子等覆盖保温。

中拱棚：棚长 20~30 米，棚宽在 6 米以下，高度一般在 2 米以下。

大拱棚：棚长 30~60 米，棚宽在 6 米以上，高度在 2 米以上。

三 塑料拱棚的类型

1.按棚顶形状划分

按棚顶形状，塑料拱棚可分为拱圆式（有肩拱、无肩拱）大棚和屋脊式大棚。

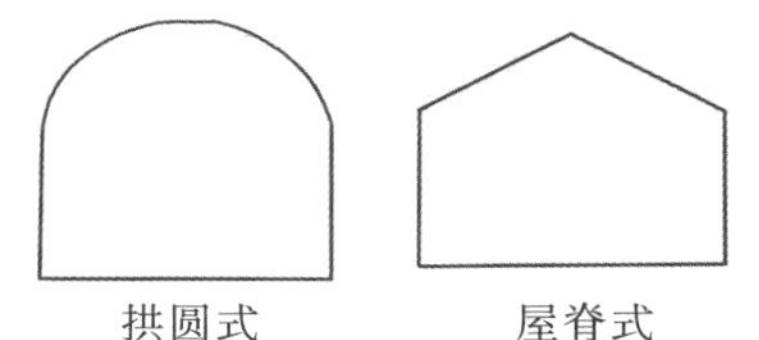

图2-3 塑料拱棚的类型(1)

2.按骨架材料划分

按骨架材料，塑料拱棚可分为竹木结构大棚、混凝土结构大棚、钢材焊接式结构大棚、钢竹混合式结构大棚、钢管装配式结构大棚。

3.按连接方式划分

按连接方式，塑料拱棚可分为单栋大棚和连栋大棚。

连栋大棚以两栋或两栋以上的拱圆式或屋脊式单栋拱棚连接而成，单栋拱棚的跨度为4~12米，一般占地面积为2~10亩（1亩≈666.67平方米）。

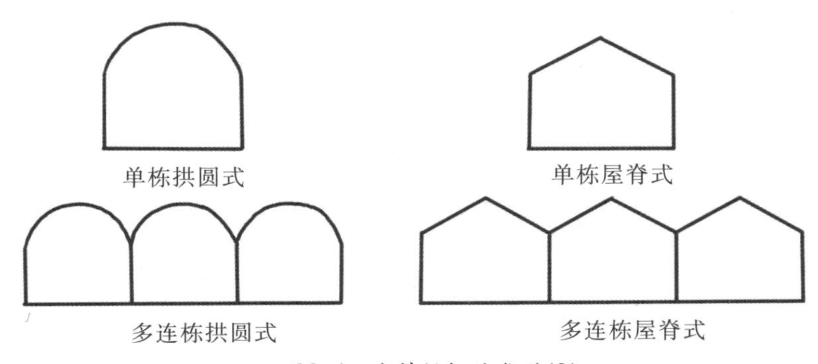

图2-4 塑料拱棚的类型(2)

第三节 其他栽培设施

一 温床

温床是利用太阳辐射热和人工补热来维持栽培畦内温度的苗床。温床由床坑、床框、酿热物（电热）、覆盖物及风障所构成。温床东西方向的长度要长一些，一般长 10 米、宽 1.6~1.8 米，向阳。

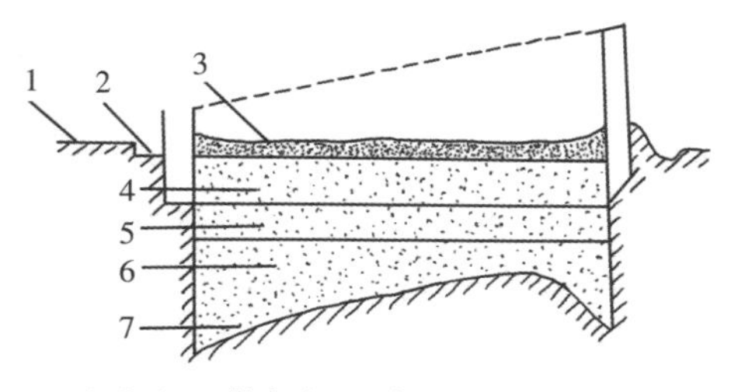

1.地平面　2.排水沟　3.床土　4.第三层酿热物
5.第二层酿热物　6.第一层酿热物　7.干草层

图2–5　酿热温床

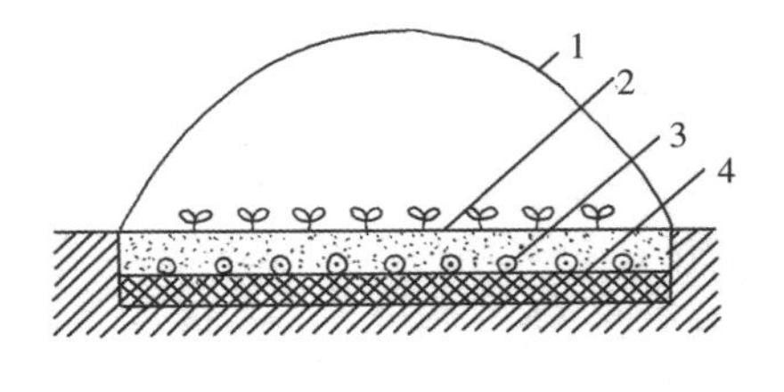

1.透明覆盖材料　2.床土　3.电热线
4.隔热层

图2–6　电热温床

二 冷床

冷床，也叫阳畦，是完全利用太阳辐射热能来保持室内温度的，一般利用玻璃窗盖、芦席、风障等设备来防寒保温。

在苗床四周筑高 15~20 厘米、宽 30 厘米左右的土埂，苗床宽 1.2~1.3 厘米、长 20 厘米左右，在土埂上每隔 0.5 米要插一根拱架。拱架上覆盖农膜。天气寒冷时，可在小拱棚外层加盖草帘等不透明覆盖物。冷床还适宜在冬季气候较暖和的地方作移苗床。

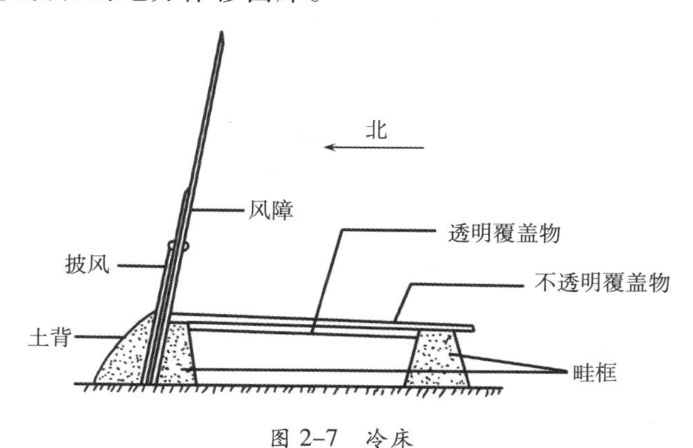

图 2–7　冷床

三 荫棚

荫棚是夏季花卉栽培必不可少的设施。温室花卉大多数属于半阴性

植物,或不耐强光,一般需要夏季搬至荫棚下培养。

荫棚可分为永久性荫棚和临时性荫棚。永久性荫棚多用于花卉的原温室栽培,临时性荫棚多用于花卉的露地繁殖。永久性荫棚上的遮阴材料可于晨夕及夜间卷起,在中午放下。根据花卉需光要求,给予适当遮阴。临时性荫棚较低矮,多数为扦插所用。当植株开始生根时可逐渐减少遮阴,最后去掉所有遮阴物。若在荫棚下放置花盆,必须在盆底垫砖,以利于排水、通风,而放置的地面应铺以煤渣或粗砂,以利于排水,还能在雨天或浇水时防止泥土沾污枝叶。

图 2–8　荫棚

四 风障

风障是用秸秆和草帘等材料做成的防风设施，在花卉生产中多与冷床或温床结合使用,可用于耐寒的二年生花卉越冬、一年生花卉提早播种和开花。风障的防风效果极为显著,能使风障前近地表气流比较稳定,一般能使风速下降 10%~50%,风速越大,防风效果越显著。风障的防风范围为风障高度的 8~12 倍。

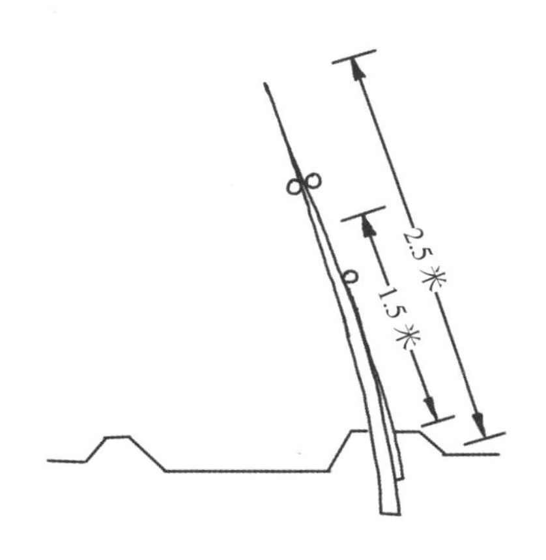

图 2–9　风障

第三章 设施花卉肥水管理技术

第一节 水 分

花卉必须有适当的水分才能正常生长发育。不同种类的花卉，其需水量有很大差异。要根据花卉的种类来决定浇水量。

一 不同类型花卉生长对水分的需求

1.旱生花卉

旱生花卉，如仙人掌类、多肉植物，原产于热带干旱地区或沙漠地区。这类花卉根系发达，叶小、质硬，浇水要宁干勿湿。如果水分或空气湿度太高，根系易腐烂或发生病害。

2.湿生花卉

湿生花卉，如龟背竹、海芋、马蹄莲、旱伞草等，原产于热带雨林，适宜在土壤潮湿或空气相对湿度较大的环境中生长。这类花卉大多叶大而薄、柔嫩多汁，根系浅少。如果生长环境干燥湿度小，植株则会矮小、花色暗淡，严重的甚至死亡。要给这类花勤浇水或勤喷水。

3.中生花卉

中生花卉的叶片呈革质或蜡质，形状呈针状或片状，比如山茶、杜鹃、白兰等。浇水宜做到见干见湿，且保持土壤的透气性，有利于根系发育。

4.水生花卉

水生花卉，如莲花、睡莲等，大多数生长在水中。这类花卉在水面上的叶片比较大，在水中的叶片较小，根系不发达。此类花卉一旦失水，叶片

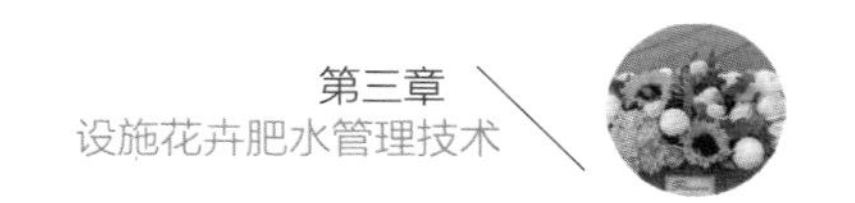

就会变得焦边枯黄，花蕾则会萎蔫。

二 花卉浇水原则

1.不干不浇

在土壤快要干透的时候再浇水，这样既能够保证根系发达，也不会出现烂根现象。

2.见干见湿

要求土壤干湿交替，防止水分过多，造成根系缺氧死亡。

3.浇则浇透

防止浇“半截水”，使土壤上湿下干，否则可能导致底部根系因为缺水、缺氧而干枯死亡。

4.通风

要保证良好的通风条件，让土表的水分快速挥发掉一些，防止出现烂根、烂叶的情况。

5.尽量避免在阴雨天浇水

为防止土壤板结，尽量不在阴雨天给花卉浇水，同时要注意及时排出积水。

三 常见的浇水方法

1.浇灌

直接将水浇在植株的根部。注意避免把水洒在开花的植株上，否则易导致植株开花不佳和嫩蕾因水浸而腐烂。可采取高垄栽培，避免水直接浸润根系而传染根部病害。

2.浸盆

在大容器内放水，深度以放入花盆后水不溢出为宜，将花盆放入后，让水通过盆底孔湿润土壤，待盆土彻底浸透即可拿出。

3.喷灌

借助水泵和管道系统或利用自然水源的落差，把具有一定压力的水喷到空中，散成小水滴或形成雾，降落到植物和地面上。喷灌能有效增加空气湿度，同时具有节省水量、不破坏土壤结构、调节地面气候且不受地形限制等优点。

4.滴灌

利用塑料管道将水通过直径约10毫米毛管上的孔口或滴头送到作物根部进行局部灌溉。滴灌是干旱缺水地区最有效的一种节水灌溉方式,对水的利用率可达95%。滴灌较喷灌具有更高的节水增产效果,同时可以结合施肥,将肥效提高一倍以上。

四 浇水时间

不同季节,不同的生长时期,浇水的时间不同。同时要保证浇水的水温与土温一致。

春秋季的温度适宜,全天都可以浇水。夏季应选择在早晨或傍晚浇水。盛夏的中午土温高,这时候浇水易造成根系生理干旱。冬季气温较低,浇水可在晴天的上午进行,以便减少根系冻伤。要注意大多数花卉在冬季处于休眠状态,不需要浇水。

五 病危植株急救措施

1.积水

花卉受涝时间过长,根部易变褐腐烂,很快将枯叶落叶,花也会跟着凋零,最终导致整株死亡。

急救措施:立即疏通排水,把花盆移到阴凉通风处;刨开根部表层湿土,换上干燥土,并在盆面撒施草木灰或干土,吸收土壤中的水分,促进新陈代谢。

栽植前进行土壤改良,增加透气性可减少积水产生的伤害。

2.干旱

急救措施:给花卉遮阴,或将花盆移至阴凉通风处;重剪枝干,保留成活枝段;采取少量分次的方式,补给水分;根据见干见湿原则,养护促根,但是切记不能天天大量浇水,养护期不宜施肥。

第二节 肥　料

花卉生长发育共需要16种营养元素，大量元素有碳、氢、氧、氮、磷、钾、钙、镁、硫，微量元素有硼、铁、锌、锰、钼、铜、氯。

其中，氮、磷、钾在花卉生长中起到明显作用。氮肥俗称“叶肥”，可促进茎叶生长繁茂，使叶色浓绿。磷肥俗称“花果肥”，可促进花芽分化与孕蕾，使花色浓郁，并能提高果实品质。钾肥俗称“根肥”，可促使茎干、根系生长健壮，促进贮藏物质转运，提高抗旱、抗寒能力。

一 肥料种类

肥料可以分为有机肥和无机肥两类。

1.有机肥

有机肥，又称“农家肥料”，是动植物残体经腐烂发酵沤制而成的。这种肥料来源广泛且肥效长。施用时，一定要经过充分腐熟才可使用，否则容易出现烧根现象，从而导致植株死亡。

2.无机肥

无机肥是化学肥料，具有肥效快、肥力高等特点。但如果施用不当，极容易烧花，所以要根据花的不同种类适量使用。过多使用无机肥还容易造成土壤板结。

二 施肥方式

1.基肥

基肥指作物播种或定植前、多年生作物在生长季末或生长季初，结合土壤耕作所施用的肥料，包含分解缓慢的有机肥与缓释性化肥。

给盆花施肥，可将肥料施在盆底或沿盆边打洞补充。

给地栽花卉施肥，可在树冠外缘开穴或开沟施用。基肥施用时必须腐熟并且避免与根系直接接触。

2.追肥

追肥指在植物生长期间，随时追加的肥料。追肥肥效快，可以补充生长期营养。

追肥的施用原则是高温期不施，休眠期不施。

不同时期需要补充的肥料元素不同，营养生长期以补充氮肥为主，生殖生长期以补充磷钾肥为主。

三 施肥原则

1.适时

春夏季是植物生长旺盛时期，此时要多施肥，勤施肥，但对于夏季处于休眠或半休眠状态的植物，必须停止施肥，特别是多肉植物，否则易导致植株腐烂。入秋后，植物生长变慢，可以少施肥。在冬季，大部分植物都进入了休眠状态，所施肥料应以有机肥为主，且使用量要少。

2.适量

施肥要“七分水三分肥”，尤其是施用复合肥的时候，浓度应控制在0.1%~0.3%，尿素喷施浓度要低于0.1%。对阴生观叶类花卉要少施肥，而多肉类花卉的施肥量更少。观果类、观花类花卉则要多施肥。

3.适当

施肥的次数要适当，一般7~10天施用一次。春夏季，一般半个月施肥一次，坚持薄肥勤施；秋季，植物生长变慢，可以1个月施肥一次；进入冬季，花卉大多进入休眠状态，不用施肥。但冬季不休眠的植物可以适当施肥。

四 具体施肥方法

1.混施

把有机或无机肥料与土壤按照一定的比例混合，垫在盆底或根系周围。

2.液施

把有机或无机肥料与水按照一定的比例配制成溶液进行浇灌。切忌溶液浓度太高。

3.撒施

把肥料均匀地撒在土壤上。颗粒状的复合肥最适合用这种方式进行施肥，但这种方式会使肥料浪费比较严重。

4.喷施

将稀释后的无机肥或专用花肥喷洒在植物的花叶上。这种方法适合附生性植物，如附生凤梨类和附生兰类等。喷射时要注意叶片着生部位，对于处于幼苗发育期的植株，主要以花卉中部叶片为主。

5.穴施

在花盆边缘或花卉根部挖洞，把固态肥料放入其中，再掩埋好。这种方法适合施固态肥料时使用。

五 花卉出现肥害时的处理方法

栽培花卉时常常因施肥浓度过高而产生肥害。出现肥害的主要表现为地上部的枝叶迅速萎蔫，叶色暗淡，根系变色、腐烂。一旦发生肥害，可以采取以下处理方法。

1.清洗根部并换土

立刻把受害的花卉根部用清水清洗干净，并剪去受害部分的根系，还要把萎蔫严重的枝叶剪去一部分。然后更换培养土并及时浇水，将其放在阴凉处，每天喷水 3~5 次。

2.浇透水或浸泡

对一些名贵花木或根系娇嫩的花木，不宜洗根换土，应该立刻对受害花木连续浇 2~3 次透水，以便将高浓度肥料排出。

第四章 设施花卉繁殖技术

第一节 概　述

一、繁殖的定义

利用花卉的种子、孢子或植物体的一部分来增加个体数量，以延续种群或扩大群体的过程与方法。

二、繁殖类型

花卉繁殖可分为有性繁殖和无性繁殖两类。

1.有性繁殖

有性繁殖包括种子繁殖和孢子繁殖。优点是根系发达，生长健壮，寿命长；缺点是开花结果周期长，会产生变异，不易保持栽培品种的优良性状。

2.无性繁殖

无性繁殖包括扦插繁殖、分生繁殖、嫁接繁殖、压条繁殖和组织培养繁殖技术。优点是开花结果早，可保持母本优良性状；缺点是繁殖系数低，因生理年龄过长而易导致种性退化。

第二节 种子繁殖

一 特点

1.优点

繁殖系数大,方法简便;所得苗株根系完整,生长健壮;种子寿命长,便于携带、储运和交换。

2.缺点

一些花卉后代易发生变异,不易保持原品种的优良性状;有些花卉采用种子繁殖,种子不易发芽;部分木本花卉采用种子繁殖,开花结实周期长。

二 方法

1.种子采收

大部分种皮或果皮由青转黄,种子坚硬,种皮发黑或变为褐黄色时即可采收。

2.种子储藏

大多数花卉种子的储藏条件为低温(2~8 ℃)、干燥、密闭、黑暗;但部分花卉种子要求保湿、沙藏,如月季、牡丹、芍药、日本海棠、银杏等花卉即需要沙藏(沙藏温度控制在 2~5 ℃,湿度在 10%~15%)。

三 播种时期

花卉的播种期一般根据品种特性、耐寒力、越冬温度及应用花期而定。

春季播种可在清明前后(3 月下旬至 4 月上旬)进行,秋季播种可在处暑前后(8 月中旬至 9 月上旬)进行。

一般而言,成熟的种子可随时萌发。如生产上为了提早开花或用作节日布置时,常在保护地中播种,而不受季节限制。

四 播种前准备

1.土壤或栽培基质准备

育苗基质的选择是穴盘育苗成功的关键因素之一。无土育苗基质要求具有较大的孔隙度、合理的气水比、稳定的化学性质，且对秧苗无毒害。传统做法是以草炭、蛭石等轻基质材料按照一定配比后作育苗基质。

（1）播种床播种。播种床要求建在日光充足、空气流通、排水良好处。床土要求富含腐殖质、轻松而肥沃的沙质壤土。翻耕 30 厘米深，细碎土块，施堆肥或厩肥和磷肥、氮肥等。整平、镇压，整平床面。

（2）播种盆播种。选深 10 厘米的浅盆，选富含腐殖质的沙质壤土或人工栽培基质配制培养土。

2.播种前种子处理

（1）种子精选。为获得纯度高、品质好的种子，确定合理的播种量，以保证播种苗齐、苗壮，在播种前应对种子进行精选。一般小粒种子可以采取筛选或风选，大粒种子进行粒选。

（2）种子消毒。在种子催芽和播种前，应该对种子消毒灭菌。

可用药剂拌种消毒。用药量为种子重量的 0.2%~0.3%，常用杀菌剂有五氯硝基苯、克菌丹、70%敌克松、50%福美双、多菌灵等，常用杀虫剂有 90%敌百虫粉剂等。

也可采用药液浸种消毒。药液浓度与浸泡时间应严格掌握，浸泡后必须多次冲洗，无药液残留后才能催芽或播种。100 倍福尔马林（40%甲醛）浸种 15~20 分钟，密闭熏蒸 2~3 小时，冲洗；10%磷酸三钠或 2%氢氧化钠水溶液浸种 15 分钟，洗净，钝化病毒病。

（3）种子催芽。可采用浸种催芽。种子吸水膨胀后种皮变软，有利于种子发芽。浸种法可分为温汤浸种、热水浸种和冷水浸种。生产上常用的浸种法为温汤浸种，具体做法为水温 55 ℃，水量为种子量的 5~6 倍。浸种时要不断搅拌种子，并随时补给温水保持 55 ℃水温 10 分钟，然后水温逐渐下降直至室温（20~25 ℃）并继续浸种 4~12 小时。

也可采用药剂浸种和其他催芽方法。若种子外表有蜡质或种皮致密、坚硬，就必须采用化学或机械的方法，如山楂、樱桃、山杏、荷花、美人蕉和牡丹等。可用砂纸磨、锉刀或锤砸及老虎钳夹开种皮等机械破皮方法。

还可采用沙藏。存在生理后熟的种子如刺梨、蜡梅、连翘、丁香及一些秋播的草本花卉等，在秋季或初冬将种子与含水量为15%的湿沙以1:3的比例混合。湿沙用手捏时成团，但捏不出水滴，手感到潮湿即可。

3.播种

（1）做床或装盘。目前，育苗播种床有普通地床、电热温床和育苗盘播种。做普通地床时要在温室内做1~1.5米宽畦，装入床土或人工基质，播前耧平，稍加镇压，再用刮板刮平。电热温床应在播前10天左右设置好，通电待土温上升并稳定后，做床、播种。育苗盘等容器装土不要装得太满，要留下播后盖土的深度。

（2）浇底水。播前浇透底水，以湿润床土7~10厘米为宜。浇水后盖一层薄薄的细土，并借此将床面凹处填平即可播种。

（3）播种。在普通地床播种，要多进行催芽。用电热温床或育苗盘播种，可不催芽。小粒种子要多掺沙或细泥拌和后再播种。

4.覆土

播后用细土覆盖。大粒种子的覆土深度为种子厚度的3倍，小粒种子覆土以不见种子为宜。盖土太薄，易“戴帽”；盖土过厚，可能造成出苗延迟。若盖药土，应先撒药土，后盖床土。播后立即用地膜、草帘等覆盖床面或育苗盘。

5.播后管理

播种后苗床和育苗盘等要置于庇荫处，并保持土壤湿度，温度控制在25~30 ℃。当幼芽大部分出土时，撤掉地膜或覆盖物，让幼苗进行阳光锻炼。成苗期的地温控制在15~18 ℃，保持土壤见干见湿，浇水选择在晴天的上午进行。根据苗的密度适时间苗，当幼苗展开2~4片真叶时进行移栽。定植前7~10天，逐步降低苗床温度。

6.苗期病害

苗期病害表现为不出苗烂籽、种子“戴帽”、根系不发达、寒根、沤根等。这些病害主要是由床温过低、土壤过湿、播种过浅（造成“戴帽”）或过深（出苗慢）、土壤肥害或碱害造成的。

此外，高温高湿或氮肥过多易产生徒长苗，表现为植株细高，叶片大而色浅；土壤或栽培基质过度干旱易产生老化苗，表现为苗期过长，叶片呈深绿色且暗无光泽，植株矮小；营养不良易产生花打顶苗，症状为植株顶部雌花团聚。

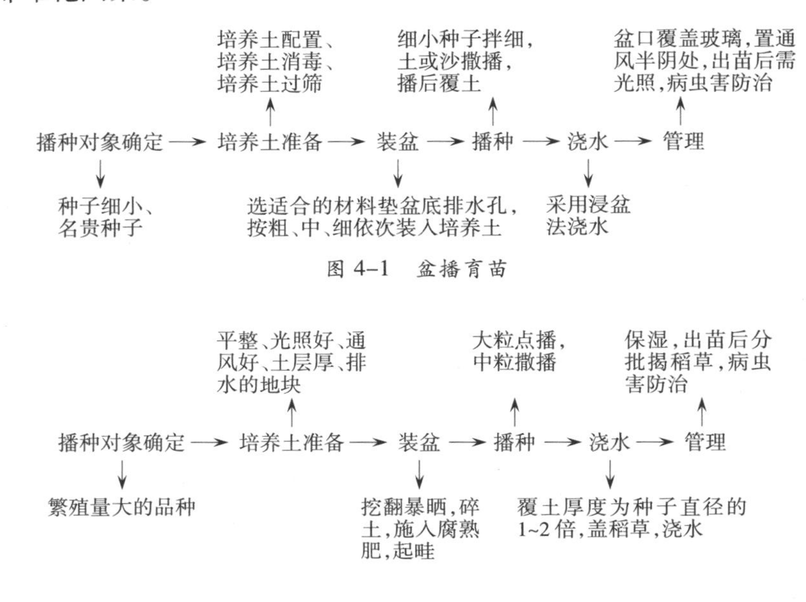

图 4–1　盆播育苗

图 4–2　地播育苗

第三节　无性繁殖

一　分生繁殖

1.分株繁殖

分株繁殖常用于灌木与宿根花卉，如蜡梅、迎春、南天竹、八仙花、十大功劳、贴梗海棠、牡丹、芍药、兰花、棕竹、朱蕉、鸢尾、玉簪等。

（1）分株季节。草本花卉分株需避开高温与严寒，一般在 3~4 月新芽初露前后或 10 月左右进行。木本花卉分株可在休眠期进行。落叶灌木可在 11 月落叶后分株，常绿灌木通常在 3 月萌芽前进行分株。

（2）分株方法。草本花卉可用手直接掰开株丛，以 3~5 株为一小丛，另行栽植。具有根茎的草花与灌木分株时，用利器切断或剪断根茎，伤口必须平滑，以利愈合。具有肉质化根茎的花卉被切割后，应让伤口阴干或愈合后再种植。分株前可以剪去部分枝叶，以减少水分蒸腾。分株后的株丛必须带 2~3 个芽和部分根系，如中国兰分株时要沿“马路”分开，并保证“母子”相连。

图 4-3 分株繁殖

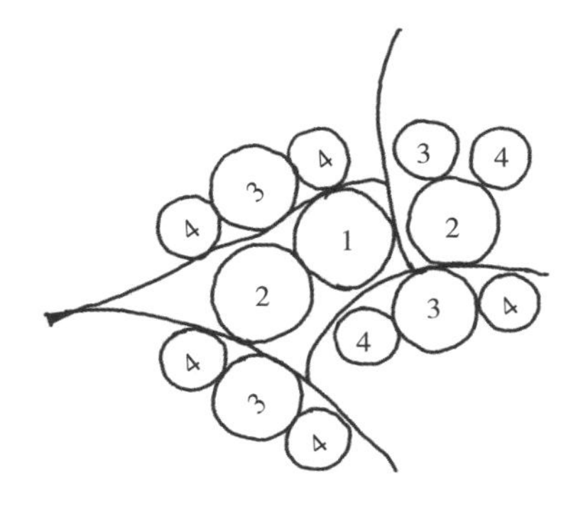

圆圈代表单株，圈内数字代表假鳞茎代数，
线条表示分剪线路

图 4-4 中国兰分株

2.分球繁殖

分球繁殖常用于球根花卉。

(1)分球季节。春植球根在种植前分球，秋植球根在新球收获时分离贮藏。

(2)分球方法。不同花卉的分球方法不一样，如大丽花分球时，块根分割必须带根茎部位；朱顶红 3 月分盆时，可将小球带根剥离分栽，一般周径在 16 厘米以上的球当年都有花；美人蕉分割时每个茎段必须带一年生新芽；荷花分植在清明前后，待气温上升到 15 ℃以上时进行，要保证每段种藕都有完整的顶芽且不受伤害。

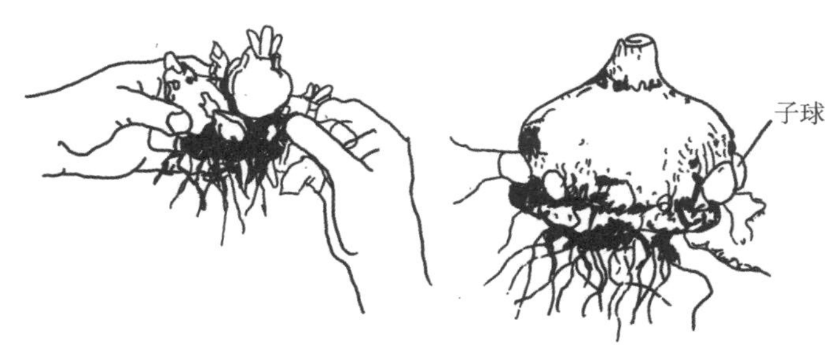

图 4-5 分球繁殖

球根花卉的子球是种球扩繁的重要种源。通过鳞片的刻伤与扦插,可以促进鳞茎类球根不定芽的发生,扩大子球的繁殖量。

(3)种球培育。大多数球根花卉的开花时期,就是新生种球与小球的发育与形成期。开花后至地上植株枯萎前,是新球的迅速膨大期。加强营养管理,特别是补钾,十分重要。地上部转黄,新球收获。小球需再培养1~2年才能开花。

(4)种球贮藏。有皮球根的储藏只须干燥、通风环境即可,如郁金香、风信子、水仙、香雪兰、唐菖蒲等。而无皮球根的储藏须用沙、木屑、泥炭等保湿,如百合、美人蕉、马蹄莲、大理花等。

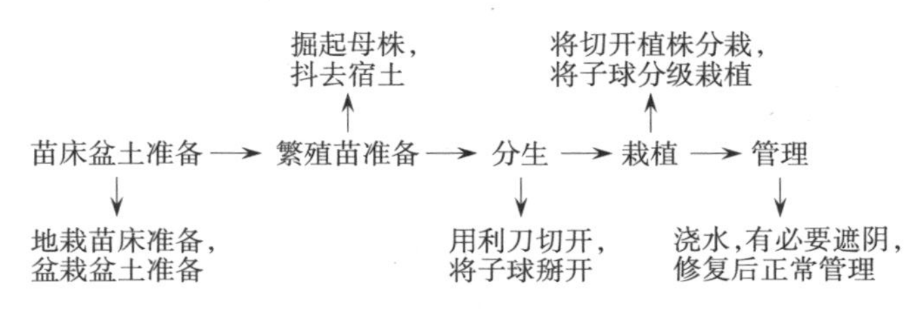

图4-6 分球繁殖操作步骤

二 扦插繁殖

扦插繁殖指利用营养器官(根、茎、叶、芽)的再生能力,将其割离母体后,在一定环境条件下促使生根发芽育成新的植株的繁殖方式。用于扦插的材料称为插穗或插条,扦插成活的幼苗称为扦插苗。

1.影响扦插成活的因素

扦插后的插穗能否生根成活,取决于插穗本身的内在条件与扦插后的环境条件。

(1)内在条件。第一,种与品种。花卉的种与品种决定了花卉的遗传特性,从而决定了扦插是否能成活。草本花卉比木本花卉容易生根,灌木比乔木容易生根。第二,树龄与枝龄。幼年树的枝条比老年树的枝条容易生根。一年生枝条比多年生枝条容易生根。第三,枝条部位。同一母树上,树冠中上部枝条发根力强,开花早。同一枝条上,根据芽的发育,杜鹃、桂花顶梢发根好,月季以中段为好。第四,营养物质。枝条内储藏的养分对生根有很大影响。选充实枝段,枝条内含糖量与发根率成正比。剪口宜近节,在枝条节的部位聚集较多养分与生长激素。第五,叶与芽。保留叶片,有利于光合作用制造养分，促进生根，但过量蒸腾会造成失水，影响成活。保留腋芽，保留插条下部节芽，有利于合成生长素，促进生根。

（2）扦插环境。第一，温度。大多数花卉的扦插适宜温度在 20 ℃左右，喜温花卉在 25 ℃左右。尽量控制地温高于气温 2~3 ℃，促使植株先发根后发芽。第二，湿度。基质含水量不低于最大持水量的 50%~60%。空气相对湿度保持 80%~90%。保持插条地下部分吸水与地上部叶蒸腾失水之间的平衡是扦插成败的重要因素。第三，光照。光照对插条生根有很大影响。但阳光直射、光照过强会导致插条失水而受害。设施育苗通过适当遮阴与喷水来避免光照过强。第四，通气。插条生根时需要充足的氧气。要重视扦插环境与扦插基质的通气。基质水分过多，扦插过深，插条会因缺氧而腐烂死亡。基质应疏松、透气、保湿、无毒、无有害微生物。常用材料有粗砂、砻糠灰、蛭石、珍珠岩、锯木屑、插花泥等。

2.扦插时期

喜温花卉全年都可进行扦插。落叶树休眠枝的扦插时期在 11—12 月或 2—3 月芽萌动前。落叶树绿枝的扦插时期在 6—7 月梅雨期第一次新梢生长停止后。常绿阔叶树的扦插时期在 6—7 月梅雨期。常绿针叶树的扦插时期在 12 月中下旬。

3.扦插方法

（1）枝插。①硬枝扦插（休眠枝扦插）：选一年生壮实枝条剪取插条，插条长 10~15 厘米，具 3~4 个芽。插条顶端平剪，距芽尖 2~3 毫米。插条基部斜剪，距芽基 2~3 毫米。插条入土深 2/3，地面露 1~2 个芽。插后保湿、保温，促使植株先发根后发芽。②软枝扦插（绿枝扦插）：在生长期中带叶扦插，剪取插条应在生长停止、新梢充实时进行，插条具 1~4 个芽。插后注意水分蒸腾与吸收的平衡。全光照喷雾扦插有助于提高成苗率。③嫩枝扦插（草质茎扦插）：应用于草本花卉与部分灌木，如环境适宜则全年

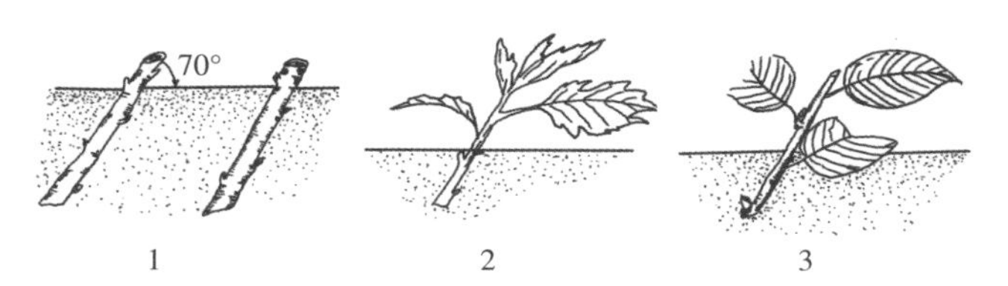

1.硬枝扦插　2.软枝扦插　3.嫩枝扦插

图 4–7　枝插

可扦插，5~10 天发根，半个月左右成苗。应选顶部嫩梢、茎中部不空的插条。常用于菊花、大理花、天竺葵、秋海棠、一串红、万寿菊、凤仙及观赏石榴繁殖等。

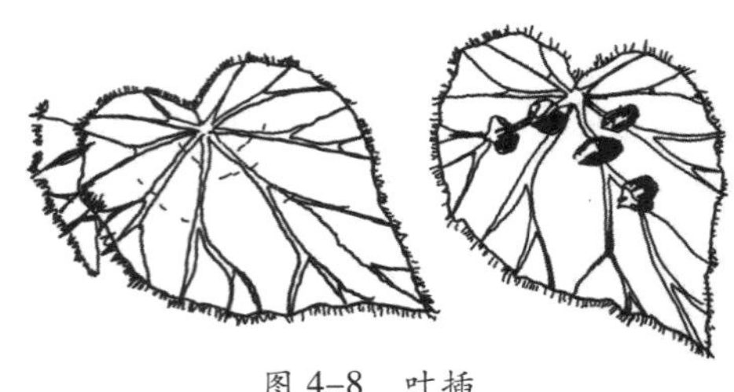

图 4-8 叶插

（2）叶插。叶插利用叶片的再生机能培育新苗，常应用于蟆叶海棠、大岩桐、虎尾兰及景天科的植物。大岩桐叶插要带一段叶柄，将叶柄插入基质。蟆叶海棠叶插必须带叶脉。景天树、长寿花、豆瓣绿叶插可将叶片平卧，贴近土面。虎尾兰叶插，叶片可横切，分割成数段，每段长约 5 厘米，注意极性不要颠倒。

（3）根插。根插适用于一些根部容易生长不定芽的花卉，常用于宿根福禄考、荷苞牡丹、凌霄、紫藤等。

图 4-9 根插

（4）水插。水插是将插条浸在清水中催发新根的扦插方式。许多观叶植物可以用水插的方式繁殖，作为桌面观赏植物。常用于绿萝、合果华、常春藤、吊竹梅、凤仙、竹节海棠、月季、桃叶珊瑚等植物的繁殖。

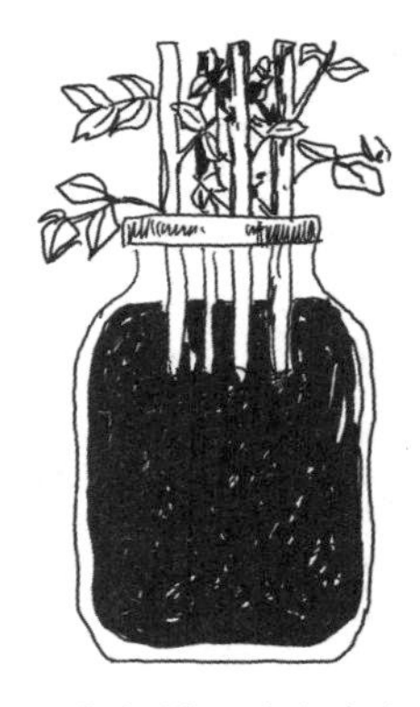

图 4-10 暗瓶水插

操作时注意：插条选 1~2 年生枝条，在节位处剪切；水插的适温在15~20 ℃，春秋季水插效果好；经常换水，防止水质腐败；根长 2 厘米左右即可种植。

4.促进生根的方式

植物生长素可以促进生根，常用的有2,4-D、萘乙酸、吲哚丁酸等。目前，人们多使用ABT生根粉。一般花卉扦插用的浓度为0.1%，需浸泡插穗基部12小时。难生根的花卉扦插可将浓度提高到0.5%。

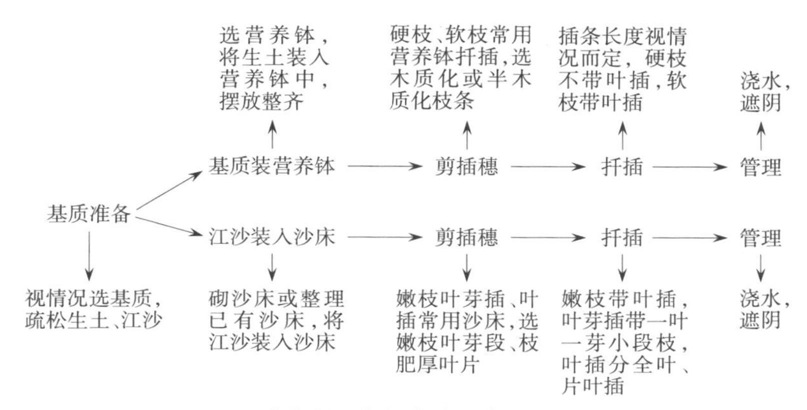

图4-11　扦插育苗操作流程

三 嫁接繁殖

嫁接繁殖是使两个不同种或不同品种的植物器官结合在一起，成为一株新苗的繁殖方法。嫁接能保持品种的优良性状，提高对不良环境的抗性，提早开花结果，解决某些品种难以繁殖的问题。通常以繁殖为目的的枝条或芽称接穗，承受接穗的植物体称砧木，嫁接培育的苗木称嫁接苗。

1.嫁接成活的原理

嫁接成活的原理是依靠接穗与砧木具有分生能力的形成层细胞，共同分裂，使伤口愈合，并接通木质部与韧皮部的水分与养分输送管道，使接穗正常生长，成为一株新苗。

2.影响嫁接成活的因素

（1）嫁接技术。①切削：刀口锋利，削口平整。②形成层：形成层对准（皮对皮）。③绑缚：松紧有度，保护伤口，操作速度要快。

（2）生长环境。①温度：20~25 ℃。②湿度：90%~100%。③光照：休眠枝伤口处应遮光，带叶接穗宜见光。④水分：砧木不宜含水过多或过少。

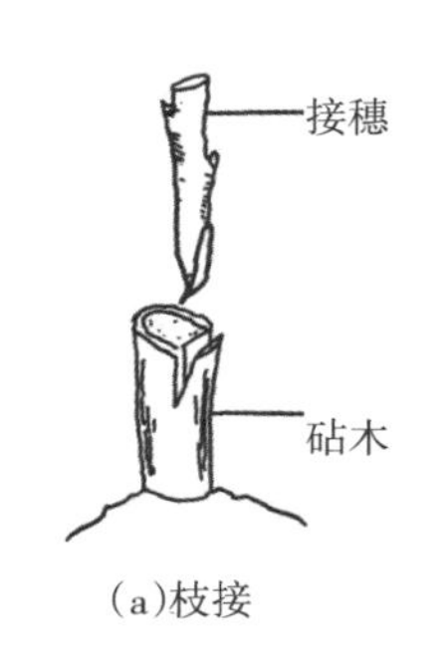

(a)枝接

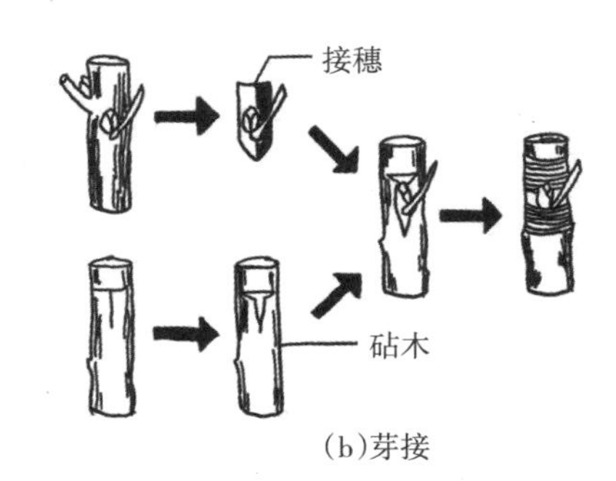

(b)芽接

图 4-12　嫁接

3.嫁接方法

目前常用的嫁接方法有芽接、枝接和根接三种。

(1)芽接。在 5—9 月,砧木皮层容易剥离时进行。常用的方法有"T"形芽接,即在砧木适当部位切一深入木质部的"T"形切口,并将切口两旁的树皮与木质部剥离。

第一步:取芽片。接芽芽片长 1.5~2 厘米,稍带木质部,留叶柄。

第二步:切砧木。砧木切口长度稍长于接芽,切口留嵌芽槽。

第三步:嵌芽。注意使接芽边缘与砧木切口边缘相吻合。

第四步:绑缚。用宽 1 厘米、长 25~30 厘米的薄膜带绑缚,包裹所有伤口,露出叶柄与腋芽。

1.削取芽片　2.取下的芽片　3.插入芽片　4.绑缚

图 4-13　"T"形芽接

(2)枝接。以一年生休眠枝条作接穗。枝接宜在早春砧木树液开始流动时进行。通常落叶树在 3 月上中旬,常绿树在 4 月初。

枝接的常见方法有切接、劈接、靠接、皮下接、合接、舌接等,枝接时接穗与砧木的形成层必须对准。

第一步：取长 5~6 厘米的接穗，基部削成楔形，切口在芽的背面，长 1.5 厘米，上剪口离芽 1~2 厘米，采用平剪或斜剪。

第二步：选取粗细与接穗相似的砧木去顶，顺中部纵切，深度以能包住接穗为准。

第三步：插入接穗，用树皮圈套或塑料薄膜绑缚，注意使伤口不外露，且不能把芽包住。

树皮圈的制作方法：取柳树、木槿等一年生枝条，按 2.5 厘米长度环割韧皮部，由大头到小头拉出。

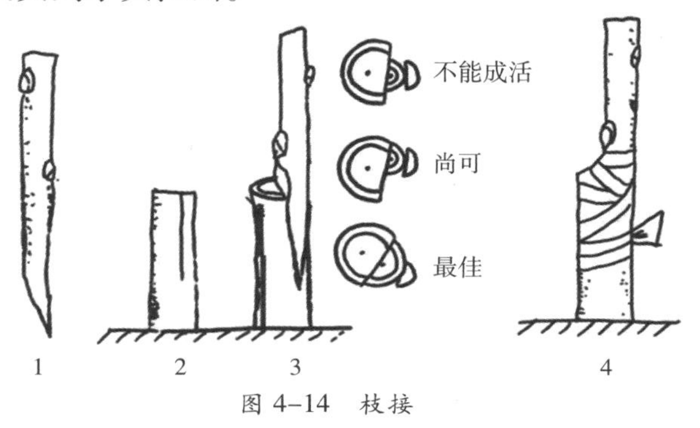

图 4–14 枝接

（3）根接。根接是以根作砧木进行嫁接，方法有合接、舌接、嵌接等。常用于牡丹、月季、大理花等植物的繁殖。

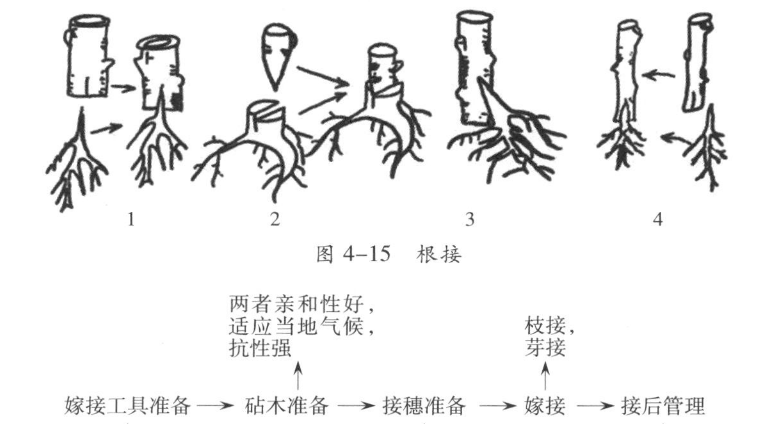

图 4–15 根接

两者亲和性好，
适应当地气候，
抗性强

枝接，
芽接

嫁接工具准备 → 砧木准备 → 接穗准备 → 嫁接 → 接后管理

各种嫁接工具，
芽接刀须锋利

从优良品种上取
生长充实、芽体
饱满的 1~2 年枝

解绑、
补接、
抹砧

图 4–16 嫁接育苗操作流程

四 压条繁殖

压条繁殖适用于木本花卉的名贵树木与扦插不易成活的树种。压条的方法是将母树的枝条压入土中，待生根后再剪离母体，成为独立植株。

1.压条季节

压条在春季树木发芽前进行，或在6月梅雨期进行。

2.压条方法

(1)压条刻伤。压条进行适当刻伤处理，有利于在愈伤组织处发根。压条刻伤方式有固定、刻伤、劈伤、环剥和绞缢。

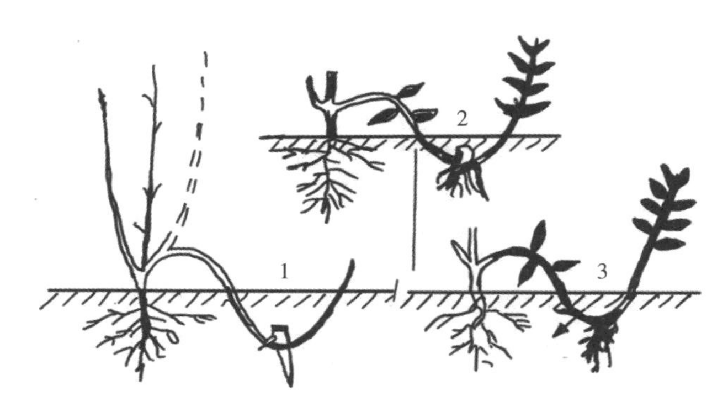

1.刻伤曲枝 2.压条 3.分株

图 4-17 压条刻伤

(2)压条方法有堆土压条、单枝压条、连续压条和空中压条四种类型。

堆土压条：适用于根茎部能发生萌蘖的品种。常用于蜡梅、牡丹、瑞香、杜鹃、栀子、海棠等。

图 4-18 堆土压条

单枝压条：选一年生枝条，弯压埋入土中，枝条顶端露出地面。

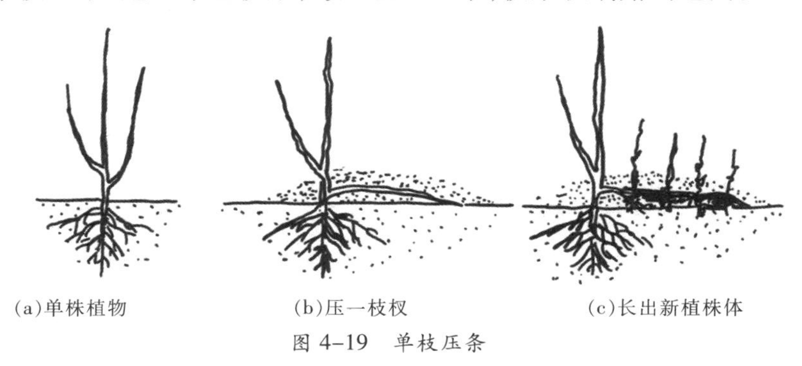

(a)单株植物　　(b)压一枝杈　　(c)长出新植株体

图 4-19　单枝压条

连续压条：适用于藤本花木与枝条较长而柔软的灌木，将一根长枝压条，可培育数株小苗。

图 4-20　连续压条

空中压条：空中压条又称高压。常用于不易发根的名贵花木及枝条直立、不易下弯的花木。空中压条适期在 4—8 月。

空中压条的具体操作步骤如下。

第一步：选 1~2 年生枝条，在节的下部，环状剥皮，环剥宽度为 1~1.5 厘米。

第二步：套筒，用塑料薄膜或竹筒做成直径 5 厘米、长 8~10 厘米的套筒。先将薄膜套筒的下端扎紧，筒底安置在环剥口以下 5 厘米左右。

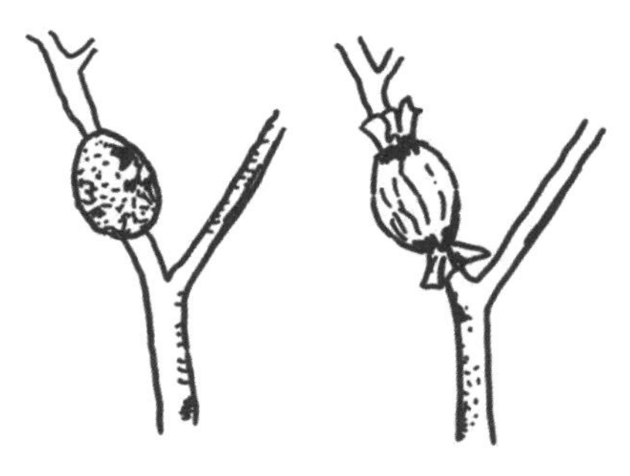

(a)用“基质”包扎后的情形　(b)包扎塑料薄膜

图 4-21　空中压条

第三步：填入苔藓、砻糠灰、蛭

石、珍珠岩等透气保湿材料，灌水后，扎紧上端，经 2~3 个月发根后剪离。

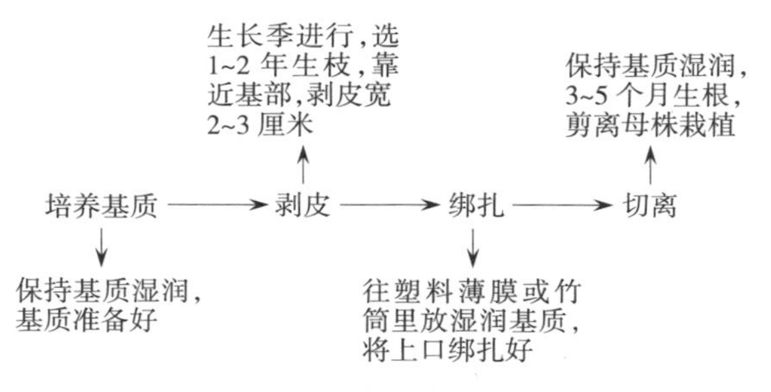

图 4–22　空中压条操作流程

五 组织培养

1.定义

组织培养是利用植物细胞的全能性，将花卉的器官、组织或细胞，通过离体培养，产生愈伤组织，诱导分化为完整的新株。组织培养是在试管内无菌条件下培育的，生产出的幼苗称为试管苗或组培苗。

2.影响植物组织培养的因素

（1）植物材料的选择。同一植物材料的年龄、保存时间的长短会影响实验结果，菊花的组织培养一般选择未开花植株的茎上部新萌生的侧枝进行。

（2）不同的离体组织和细胞对营养、环境等条件的要求相对特殊。

MS 培养基需提供大量无机营养。无机盐混合物包括植物生长必需的大量元素和微量元素两大类。微量元素和大量元素能提供植物细胞生活所必需的无机盐。如蔗糖提供碳源，同时能够维持细胞的渗透压。

MS 培养基的主要成分包括大量元素（N、P、S 、K、Ca、Mg 等），微量元素（B、Mn、Cu、Zn、Fe、Mo、I、Co 等），有机物，植物激素，甘氨酸、维生素等物质（主要是为了满足离体植物细胞在正常代谢途径受到一定影响后所产生的特殊营养需求）。

常用的植物激素有生长素、细胞分裂素和赤霉素。

（3）组织培养过程。花卉的组织培养过程见下图。

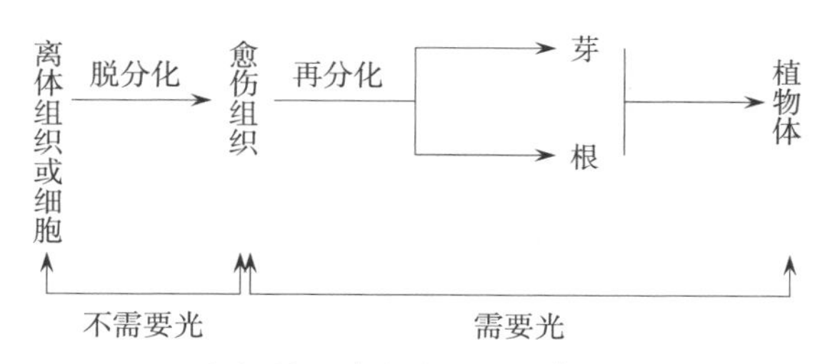

图 4-23 花卉的组织培养过程

(4)愈伤组织培养的应用。愈伤组织培养的应用加快了园艺植物新品种和良种繁育速度,培育了无病毒苗木,获得了倍性不同的植株,克服了远缘杂交困难,有利于种质资源的长期保存和远距离运输,提供了育种中间材料,诱发和离体筛选突变体,制造出人工种子。

第五章　主要花卉设施栽培技术

第一节　瓜叶菊

一、形态特征

瓜叶菊，菊科千里光属多年生宿根草本，常在一年生温室栽培。全株密被绒毛，茎直立；花色丰富，有紫红、桃红、粉、藕、紫、蓝、白等，瓣面有绒光；叶片呈心脏状卵形，形似黄瓜叶片，故名瓜叶菊；茎生叶的叶柄有翼，而根出叶的叶柄无翼。

二、生物学特性

瓜叶菊喜凉爽，惧严寒和高温；喜富含腐殖质、排水良好的砂壤土。可在低温温室或冷床栽培，以夜温不低于 5 ℃、昼温不高于 20 ℃最为适宜。生长适温为 10~15 ℃，温度过高时易徒长。生长期宜阳光充足，并保持适当干燥。花期长，可从 12 月延续至次年 5 月。在温暖地区可作二年生花卉栽培。

三、繁殖方法

繁殖方法以播种繁殖为主。播种期根据所需花期而定。发芽适温为 21 ℃，种子处理 7 天左右即可萌发。早花品种播后 5~6 个月开花，一般品种播后7~8 个月开花，而晚花品种需 10 个月才能开花。

生产上一般在7—8月播种,翌年元旦或春节左右即可开花。

栽培瓜叶菊从播种到开花,需经3~4次移植。第一次移植在出苗后20天,2~3片真叶时进行,株行距5厘米;第二次移植在苗长到5~6片真叶时进行,株行距8厘米;第三次在第二次移植后30天左右进行,株行距8~9厘米。栽培瓜叶菊可用4寸盆,当根部充满盆时,可用6寸盆定植。

四 栽培管理

栽培瓜叶菊需要用排水良好和富含腐殖质的砂壤土,并加些磷肥作基肥。生长期每7~10天施一次2%左右的淡饼肥或1%的氮磷钾复合肥,交替施用效果更好。现蕾期施1~2次磷钾肥,少施或不施氮肥,以促进花蕾生长而控制叶片生长。开花前不宜过多施用氮肥,控制浇水量,室温也不宜过高,否则叶片过分长大影响观赏。在四层叶片时,采取控制水肥进行蹲苗,冬季将其置于10~13 ℃的环境中,放于向阳处,则花色鲜艳,叶色翠绿可爱。

在瓜叶菊的养护过程中要注意转盆,使植株不偏向生长,还要随植株长大调整盆距,使其通风透光。

第二节 非洲菊

一 形态特征

非洲菊,菊科大丁草属多年生草本。根状茎短,为残存的叶柄所围裹,具较粗的须根;叶基生,莲座状,叶片长椭圆形至长圆形,顶端短尖或略钝,叶柄具粗纵棱。

二 生物学特性

非洲菊耐旱而不耐湿,要求土壤有机质丰富、排水良好,适宜种植在pH 6.0~6.5的微酸性土壤中,在碱性土壤中叶片容易产生缺铁症状,忌黏重土壤；喜阳光充足、空气流通，每天日照时间在12小时以上，有利于提高开花率；喜冬季暖和、夏季凉爽的气候。非洲菊的生长适宜温度为20~25 ℃，夜间适温为16 ℃左右，开花期适温为15~30 ℃，冬季7~8 ℃能安全越冬；气温低于10 ℃进入休眠，高于30 ℃生长延缓，且易发生红蜘蛛危害。耐短期0 ℃的低温，终年无霜地区可作露地宿根花卉栽培；冬季温度在15 ℃以上，夏季不超过26 ℃，植株可终年开花。

三 繁殖方法

1.分株

适用于一些分蘖力较强的非洲菊品种，分株多在3—5月进行，早春的分株苗秋季能够开花。通常大苗2~3年分栽一次，二年生苗可分3~4株，分株时每丛新株均要带根并有4~5片叶。

分株时先用利器顺着每个分枝将植株纵切成几株，待伤口愈合后，再将已分开的各分株挖起移植。

2.扦插

最好在3—4月进行。加强管理，扦插苗可在下半年开花，夏季扦插则要到第二年春天才能开花。

扦插繁殖应选健壮母株。剪除叶片，保留根茎部分，然后将根茎顶端生长点切除，并种植于培植床，控制温度在22~24 ℃，空气相对湿度在80%~90%，待芽条有4~5片叶后，可剪取芽条扦插。为了加快插条生根，可先把插条放入0.2%的高锰酸钾溶液中略微蘸湿（消毒防病），再把基部插入市售的生根粉或500毫克/升的萘乙酸溶液中，然后再扦插。

3.播种

非洲菊的种子只有几个月的寿命，通常种子成熟，采收后应立即播种；种子的发芽率只有30%~40%，播种繁殖主要用于新品种培育。

春播在3—5月，秋播在9—10月。发芽适温为18~22 ℃，播后7~10天发芽。发芽后移至向阳处，待子叶完全开展后进行分苗，小苗长出2片真叶时即可定植，定植最佳时期为5—6月份，定植后2~3个月即可开花。

4.栽培管理

（1）土壤管理。非洲菊的栽培土壤，必须坚持轮作与消毒。土壤消毒可以在夏季高温下盖透明塑料薄膜暴晒消毒。

(2)温度管理。非洲菊最适宜的生长温度为20~25 ℃,低于5 ℃或高于30 ℃,生长缓慢;因此,夏季宜遮阴或喷水降温,尽量使栽培温度控制在30 ℃以下,冬季维持在12 ℃以上。非洲菊对温差相当敏感,昼夜温差应保持在2~3 ℃较好,如果温差过大,会造成畸形花。

(3)光照管理。非洲菊喜阳光充足的环境,光照充足,植株生长健壮,花色鲜艳。光照时间和强度直接影响非洲菊的产量,光照时间越长,产花量越高。非洲菊生长期要求每天日照时数不低于12小时,在低光照时期人工补光3500~4000勒克斯。

(4)肥水管理。非洲菊在设施栽培中全年开花,营养消耗大,因而在整个生育期要不断进行追肥。宜采用滴灌设备,配制营养液进行滴灌。施肥以氮肥为主,适当增施磷、钾肥及钙、铁、镁肥,花期前应特别注意补充钾肥,促使茎粗花壮,增加产花量。空气相对湿度最好不要超过70%,浇水以"干透浇透"为原则。为使植株根系良好生长,浇完定植水后应等根系略干时再进行灌溉,同时辅以追肥。花期浇水要防止植株中心积水,引起烂秧。休眠或半休眠时期,控制浇水。

(5)疏叶疏蕾。非洲菊为周年生产,要及时疏叶疏蕾。叶片过多或过少都会使花数减少,故需要适当剥叶,及时清除基生叶丛下部的枯黄叶片,再将各枝均匀剥叶,每枝留3~4片功能叶。在幼苗生长初期应摘除早期形成的花蕾,以促营养生长;在开花期,过多花蕾也应疏去,以保证切花的品质。同时应考虑市场与季节因素,确定花枝数量。

图5-1 非洲菊

(6)病虫害防治。非洲菊常有病毒病、白粉病、斑点病与红蜘蛛(螨)、蚜虫、白粉虱、潜叶蛾等病虫危害,其中比较突出的是病毒病与红蜘蛛危害。防治病毒病的重点是种苗应选组培苗与播种苗,芽插苗的感病会比分株苗轻。土壤消毒对防止感病十分重要。红蜘蛛在叶背与幼花蕾上吸吮汁液，高温干燥季节发生严重，应及时喷洒杀螨剂防治。

第三节　月　季

一、形态特征

月季，蔷薇科蔷薇属，常绿或半常绿的丛生灌木。月季茎干直立或呈蔓性攀缘状，有的长势旺盛，枝高可达 2 米；有的长势较弱，仅为 0.6~0.8 米，藤本月季可高达 4 米，而微型月季仅有 0.3 米左右。主干和枝条均有粗壮且略带钩状的尖刺。叶柄有小刺，奇数羽状复生。月季花为完全花，花朵单生，大多数成伞状花序簇生。花色艳丽，花型多样，园艺栽培品种多为重瓣，温带和亚热带地区栽培，四季鲜花不断。果实为梨形瘦果，秋末成熟。

二、生物学特性

月季性喜向阳、背风及空气流通的环境。它每天至少需要接受 5 小时的阳光直接照射，而且最好是早晨一开始就照到阳光，及早晒干被露水湿透的叶片，以防止病害发生；月季可露地越冬，能耐−15 ℃低温。生长最适温度为白天 18~25 ℃、夜间 10~15 ℃。夏季温度高于 30 ℃，出现花形小、花色暗等不良情况，温度高于 35 ℃时植株进入半休眠；冬季气温低于 3~5 ℃，植株开始休眠。最适宜月季生长的相对湿度是 75%~80%，如果相对湿度近于饱和，则容易发生黑斑病和白粉病，如果相对湿度太低，则水分蒸发量大，叶片容易畸形。

月季性喜肥沃而富含腐殖质的壤土或轻黏土。除部分藤本蔷薇能适应砂土外，一般各类现代月季在砂土里培养时须拌和黏土或重壤土。在重黏土中栽培时，应多施有机肥料或其他土壤改良物，如泥炭土、发酵过的锯木屑、蛭石、珍珠岩或火山土等。除极少数的品种外，大部分月季喜欢生长在弱酸性（pH 为 6~6.8）的土壤中，土壤的酸碱度是否合适，对月

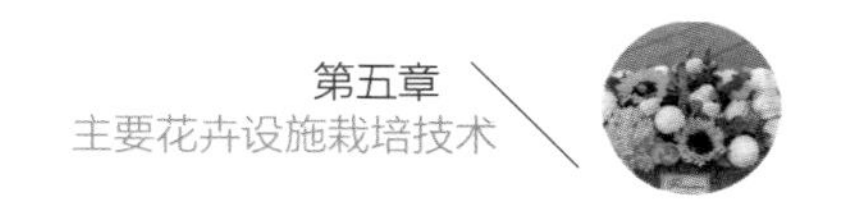

季的生长发育会产生一定的影响。

三 繁殖方法

月季繁殖有种子繁殖和营养繁殖两种方法。种子繁殖多用于培育新品种。营养繁殖能够保持原品种的特性,常用扦插和嫁接这两种繁殖方法。

1.嫁接繁殖

砧木多用蔷薇,野生蔷薇的扦插苗或实生苗。

(1)嫁接方法。嫁接方法主要分为枝接和芽接。

枝接在 2—3 月进行,主要采用切接,一般砧木粗 9~13 毫米、接穗 3~8 毫米时,便可嫁接。枝接的步骤:第一步,切砧木。将砧木在距离地面 10~15 厘米处水平截去上顶,选光滑的一面,用芽接刀纵向下切 2 厘米左右,稍带木质部,露出形成层。第二步,削接穗。选用 1~2 年生充实的枝条作接穗,穗长 5~8 厘米,其上带 2~3 个芽,将其下部深入木质部向下削成长 2 厘米左右的面,在其背侧末端斜削一刀,长约 1 厘米。第三步,插接穗。将削好的接穗长削面朝内插入砧木切口内,使接穗与砧木形成层对齐,如两者切面宽度不等时,做到一边对齐。第四步,绑缚。用塑料薄膜带扎紧,不能松动。

芽接在 5—11 月萌芽前进行最好,芽接的步骤:第一步,削芽片。接穗选 1~2 年生成熟的枝条,将枝条上的叶片剪去,保留叶柄,左手拿枝条,右手持芽接刀,先在芽下方 0.5 厘米处横刻一刀,深达木质部,再由芽上方 0.6 厘米处向下削,略带木质部,取下腋芽,剥去木质部,使芽成为上窄下宽的盾形。第二步,切砧木。在砧木基部选光滑的部位,用芽接刀横切一刀,深达木质部,切口长 1 厘米左右。再从横切口的中央向下直切一

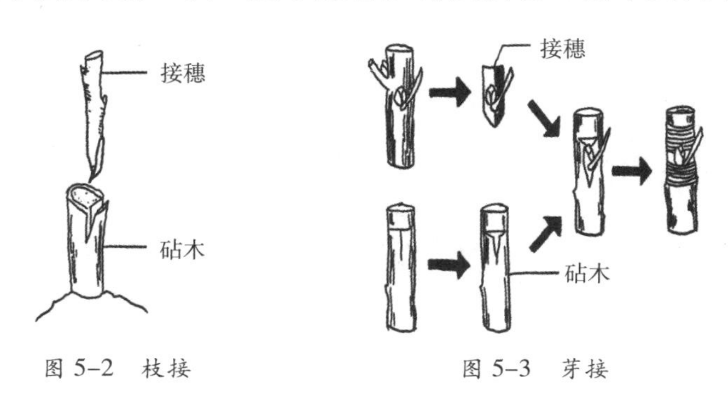

图 5-2　枝接　　图 5-3　芽接

刀,长约 1.5 厘米,用刀尖挑开韧皮部,便于插入芽片。第三步,插芽片。将削好的芽片插入砧木盾形接口中,芽片的上端与砧木的横切口吻合,露出芽片上的腋芽和叶柄。第四步,绑缚。用塑料薄膜带扎紧,仅露出芽和叶柄。

(2)嫁接成活的关键因素。嫁接成活的关键因素:选择一年生的健壮的接芽(穗)与砧木;接芽削切的大小与砧木削口相匹配;接芽稍带木质部,不宜太厚;接芽与砧木开口后尽量减少暴露时间;插芽时必须使接芽与砧木的形成层相贴近;绑缚时需使伤口不外露;绑缚不宜过紧或过松,并防止接口错位;接芽保留叶柄,5 天后检查成活(叶柄脱落为成活);成活后 15 天解绑,根据栽培要求适时剪砧。

2.扦插繁殖

(1)扦插时期。月季一年四季均可进行扦插,绿枝扦插适期在 6—10 月,硬枝扦插在 11 月至次年 1 月。

(2)插穗剪取。选充实健壮、芽饱满、未萌动的一年生枝条,或者在花初谢时,选具 5 小叶节位的茎段作为插穗。插穗长 8~10 厘米,3~4 个节;将插穗上部两片复叶上部的小叶各剪去 2~3 片,留下 2~3 片,要求插穗上端剪平,下端斜剪,下端的剪口最好在节下。

(3)扦插。插穗剪好后,及时插入蛭石、珍珠岩、河沙等扦插基质中,插

(a)月季插穗

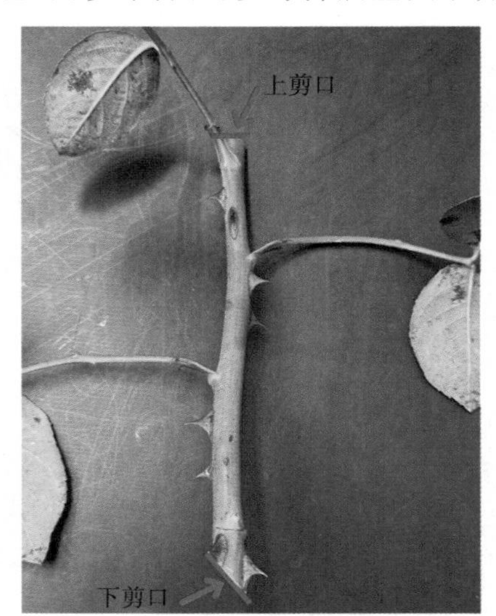

(b)月季剪口及生根

图 5-4 月季插穗及剪口芽的修剪

深为穗长的1/2~2/3，株行距为5~7厘米，同时将插穗四周的土壤轻轻压实。

（4）插后管理。扦插完毕并喷过透水之后，要立即用塑料薄膜覆盖苗床（塑料薄膜高度距离插穗20~50厘米为宜），以保持湿度。同时要覆盖苇帘遮阴，苇帘以在塑料薄膜上方40厘米处为好，过低会影响通风降温。

以后每天清晨用细喷壶或喷雾器喷一次透水，如天气炎热，可于下午4时加喷一次。床内或棚内温度应不超过30℃，如温度过高，可在荫棚上和塑料薄膜外面喷水降温。插后20天，插穗即能生根，这时可于早、晚打开薄膜通风，通风时间可渐次加长。插后40天左右，插穗开始萌发新芽，这时可除去薄膜，只留苇帘遮阴，2个月即可上盆。

四 栽培管理

1.温度

月季生长最适温度为白天18~25℃、夜间10~15℃。夏季温度高于30℃，出现花形小、花色暗等不良情况；温度高于35℃时植株进入半休眠。冬季气温低于3~5℃植株开始休眠。露地越冬，可耐-15℃低温。

2.光照

月季性喜向阳、背风及空气流通的环境。每天至少需要接受5小时以上的阳光直射。而且最好是早晨一开始就照到阳光，及早晒干被露水湿透的叶片，以防止病害发生。南方地区栽植月季，高温季节要适当遮阴。

3.浇水

定植初期的水分管理，应使土壤间干间湿；进入孕蕾开花期，土壤应经常保持湿润状态，2~3天浇一次水；在其他时期应根据土壤情况及时补水。

盆栽月季花需水量大。因为盆栽月季花所需水分只能从盆土中吸收，所以盆土必须具有一定的湿度。一般来说，盆土含水量以30%~35%为宜。

4.施肥

月季开花次数多、花期长、消耗养分量很大，要不断补充肥料。

（1）基肥。基肥在植物外围开沟或挖穴深施。盆栽月季可在土面打洞深施。沟施时开沟深 25~30 厘米，施肥后覆土 10 厘米。避免根系与肥料直接接触。基肥主要施用时期在 12 月至次年 1 月（落叶后，发芽前）。在 8 月中旬至 9 月初，可为秋花发育再补加一次，肥料量稍减。

（2）追肥。定植初期肥料以氮肥为主，薄肥勤施，促成新根；进入孕蕾开花期，增加磷、钾肥，减少氮肥。生长季节可追施尿素、氯化钾、过磷酸钙或磷酸二氢钾等无机高效化肥，使之营养充分、生长旺盛。每 10~15 天施一次。

切花月季在生长过程中需要比较均衡的肥料，通常是把月季所需的大量元素或微量元素配成综合肥料施用。

五 修剪整形

为了保持花的株形，使枝条分布均匀、节省养分、控制徒长，应适当对月季进行修剪整形。修剪时要求剪口芽健壮、向外，利于扩张树冠；剪口芽尖以上 2~3 厘米，稍向外倾斜。

根据修剪时期，月季修剪可分越冬季修剪、生长期修剪这两个阶段。

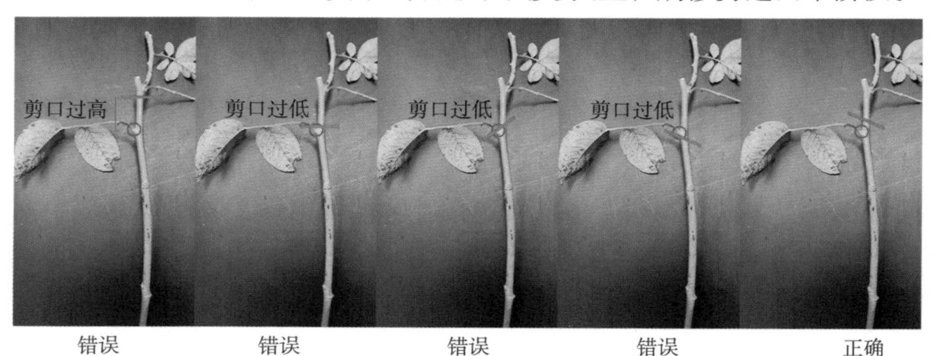

错误　错误　错误　错误　正确

图 5-5　月季修剪

1.越冬季修剪

修剪时期一般为 12 月到翌年 1 月，剪去全株枝条量 1/2~2/3，修剪时先剪去枯枝、病枝、弱枝、交叉枝，同时要保持株形均衡。一般要选取一年生健枝为骨干枝。

2.生长期修剪

生长期修剪的目的是调整植株营养，促进开花。生长期修剪主要有疏花蕾、剥脚芽、剪盲枝、花枝短截等方法。

（1）疏花蕾。对于茶香等大花月季，生长期可摘除侧蕾，保证主蕾营养与开花；而对于丰华等微型月季，则需摘除主蕾，促使花序开花整齐丰满。

（2）剥脚芽。嫁接后，砧木嫁接口下部的不定芽会经常萌发，必须每周检查一次，及时去掉脚芽，以免影响接芽生长。

图 5-6　剪除砧木脚芽

（3）剪盲枝。盲枝即无花蕾的枝条。将无花蕾的枝条打顶后，促使侧枝萌新枝开花。

（a）修剪前

（b）修剪后

图 5-7　剪盲枝

(4)花枝短截。在花谢后进行,选腋芽饱满、有 5 片小叶的节位剪切。一般花枝下部保留 4~5 节。

(a)修剪前　　(b)修剪后

图 5-8　花枝短截

六 病虫害防治

1.月季常见病害防治

(1)种类及危害症状。常见病害主要有:①黑斑病。叶面出现褐色或黑色的病斑,边缘放射状,病斑中央后期呈灰白色。叶柄和嫩枝上的病斑呈紫褐色至黑褐色,稍下陷。②白粉病。主要为害细嫩部位,发病初期叶片上形成零星的白色小粉斑,严重时白粉斑连接成片。③锈病。感病部位初期正面出现淡黄色病斑,叶背生有黄色粉状物,后期叶背生有黑褐色粉状物。④枝枯病。发病部位出现苍白、黄色或红色的小点,后病斑逐渐扩大,中央浅褐色或灰白色;后期病斑下陷,开裂。

(2) 防治方法。防治方法主要有:①减少侵染源。结合修剪剪除病枝、病叶、病芽并销毁。②加强栽培管理,改善环境条件。栽植密度、盆花摆放密度要适宜,温室栽培也要注意通风透光。增施磷、钾肥,避免氮肥过多。③药剂防治。休眠期喷洒 1%硫酸铜、五氯酸钠 200 倍液或 3 波美度的石硫合剂，杀死越冬菌源。发病期用70%可杀得、30%氧氯化铜悬浮剂800倍液、75%百菌清500倍液、80%代森锌800倍液等药液喷雾。

2.月季常见虫害防治

（1）种类及危害症状。月季常见虫害主要有：①蔷薇三节叶蜂。幼虫取食叶片，常常数十头群集于叶片上为害，导致花卉生长不良，严重时将叶片吃光，仅留叶脉。②月季长管蚜。若蚜、成蚜群集于寄主植物的新梢、嫩叶、花梗和花蕾上吸取汁液为害。嫩叶和花蕾生长停滞，还能诱发煤污病和传播病毒病。③蔷薇白轮盾蚧。若虫和雌成虫固着在枝干上吸取汁液为害，为害严重时，整个枝干布满虫体，被害处颜色变褐，导致树势衰弱，甚至枯死。

（2）防治方法。防治方法主要有：①人工防治。结合冬季耕翻消灭越冬幼虫。幼虫群集为害时，摘除虫叶，捕杀害虫。②物理机械防治。在温室和花卉大棚内，采用黄板诱杀有翅蚜虫。③生物防治。利用害虫天敌。④药剂防治。防治蔷薇三节叶蜂可使用90%的敌百虫晶体1000倍液。防治蚜虫和介壳虫使用40%氧化乐果1000倍液或50%杀螟松1000倍液等药液。

第四节 兰 花

一 形态特征

兰花一般指国兰，兰科兰属多年生草本，植株直立，常具根茎或块茎，肉质根呈白色或绿色。叶片一般为带状。兰花的花瓣和花萼区分不明显，共有内外两轮，分外三瓣、内三瓣。其中内轮有三片，下部的一片为唇瓣，相较于其他两片更大一些。雄蕊、雌蕊和柱头合成为蕊柱，这是兰科植物的一大特征。

图 5-9 兰花

二 生物学特性

兰花按生态习性不同可分为地生兰和气生兰两大类。国兰为地生兰，品种有春兰、惠兰（夏花）、建兰（极岁兰）、寒兰（冬花）等。国兰多产于中国，喜温暖湿润的环境和散射光或弱直射光，生长适温为 15~25 ℃。兰花可放置于无强直射光处培养，全年均可观赏。

三 繁殖方法

1.分株繁殖

分株繁殖在春秋两季均可进行，一般每隔 3~4 年分株一次。分株常结合换盆进行，分剪时每丛最少要留 4 个假鳞茎，其中 1~2 个可以是无叶的后鳞茎。

分株前要减少灌水，使盆土较干。分株后上盆时，先以碎瓦片覆在盆底孔上，再铺上粗石子，占盆深度 1/5~1/4，再放粗粒土及少量细土，然后用富含腐殖质的沙质壤土栽植。栽植深度以将假球茎刚刚埋入土中为度，盆边缘留 2 厘米沿口，上铺翠云草或细石子。最后浇透水，置阴处

10~15 天，保持土壤潮湿，逐渐减少浇水，进行正常养护。

2.播种繁殖

兰花种子寿命短，室温下易丧失发芽力，应随采随播。兰花种子极细，种子内仅有一个发育不完全的胚，发芽力很低，加之种皮不易吸收水分，用常规方法播种不能萌发，故需要用兰菌或人工培养基来供给养分，随之萌发。

在蒴果开裂前 3~4 周采收种子。采后首先用 75%的酒精将种子表面灭菌，然后用 10%次氯酸钠浸泡种子 5~10 分钟，再用无菌水冲洗种子 3 次，即可播于盛有培养基的培养瓶内，最后将其置于暗培养室中，温度保持 25 ℃左右，种子萌发后再移至光下即能形成原球茎。从播种到移植，需时半年到一年。

四 栽培管理

1.兰盆

常用的兰盆有塑料盆、紫砂盆。以观花为主的兰花栽培，为使根系及植株能充分生长发育，一般用较大的盆；以观叶为主的兰花栽培用盆以小、高、窄为好。

2.盆栽用土

传统盆栽兰花多用其原产地林下的腐殖土，其腐殖质含量丰富，疏松而无黏着性，常呈微酸性，是栽培兰花的优良盆栽用土。北方多使用泥炭土和腐叶土，其中添加少量的河沙及基肥。南方用塘泥块和火烧土栽培兰花也很成功。地生兰也可以单独用苔藓或添加部分颗粒状的碎砖块等物盆栽。

3.温度

春兰、蕙兰冬季宜在低温温室栽培，夜温应在 5 ℃左右。建兰、墨兰、寒兰冬季宜在中温温室栽培，夜温应在 10 ℃左右。

4.浇水

兰花的盆土应保持湿润，但忌含水量过多。古人有“干兰湿菊”的说法，指兰盆内土壤不宜过湿，同时保持盆面透气，垫高盆底以泄水。

春季，随温度上升，兰花进入旺盛生长期，应逐渐增加灌水量，以保持土壤较高的含水量。

夏季，将兰花搬入荫棚内培养，要根据雨水的多少和盆土的潮湿程度调节浇水量。

秋末，气温开始下降，可以逐步减少灌水量。兰花用水以水质清洁、无污染、微酸(pH 为 5.5~6.5)为好。

冬季，兰花停止生长，进入相对休眠期，浇水量要适当减少。以盆土微湿为好，低温潮湿最易引起兰花烂根。

5.施肥

(1)基肥。通常将有机肥和少量磷肥加到培养土中，也可以在培养土中加入兰花专用肥。

(2)追肥。各种有机肥经加水发酵后，稀释 5~10 倍，浇水施用。约两周施用 1 次。也可以施用氮磷钾含量较适宜的化肥，其浓度控制在0.025%~0.1%。

6.遮阴

兰花喜阴，不宜直接接受过强的光线，夏秋季要进行遮阴，其中春兰、蕙兰需光较强，建兰其次，墨兰再次。同时做到，接受清晨和傍晚的阳光照射，在晚上接受露水滋润。

7.修剪

兰花主要剪去干枯枝、病弱枝、交叉枝、过密枝，以及明显影响树形的枝条和多余的花蕾。在剪枝伤口上涂抹愈伤防腐膜，保护伤口愈合组织生长，防腐烂病菌侵染。

8.促花

兰花是珍贵的观赏植物，外形美丽。在花蕾上喷洒花朵壮蒂灵，可促使花蕾强壮、花瓣肥大、花色艳丽、花香浓郁、花期延长。

9.病虫害防治

兰花常见病害有白绢病、炭疽病、蚧壳虫。兰花不宜施用农药，适合使用一些无公害防治病虫害的方法，具有取材容易、方法简便、没有污染、无副作用等优点。

第五节 蝴蝶兰

一 形态特征

蝴蝶兰，兰科蝴蝶兰属常绿草本，二列叶片，宽厚平坦，革质、常绿。生长缓慢，每年生长约 4 片叶。茎为单轴型，根自春至夏在茎节上发生。花梗从叶腋抽生，1 个或数个，上有几朵或数十朵花，可开放数月，花色丰富。

二 生物学特性

蝴蝶兰原产于亚洲热带地区，常生长于热带高温、多湿的中低海拔山林中，生长适温为白天 25~28 ℃、晚间 18~20 ℃，小苗时温度可高 3~5 ℃。当夏季 35 ℃以上高温或冬季 10 ℃以下低温，蝴蝶兰则停止生长；若持续低温，根部停止吸水，形成生理性缺水，植株就会死亡。但蝴蝶兰花芽分化不需高温，以 16~18 ℃为宜。蝴蝶兰喜高湿的环境，如空气湿度小，则叶面容易发生失水状态，因此栽培蝴蝶兰最怕空气干燥和干热风。阳光对蝴蝶兰的生长发育是非常有利的，冬季需充足的光照，叶片生长健壮，花朵色彩鲜艳。但夏季长时间的强光直射，对叶片有灼伤现象，需用遮阳网进行遮光处理。

三 繁殖方法

1.分株繁殖

蝴蝶兰的根系十分发达，常呈丛状，当盆栽蝴蝶兰大部分根系长出盆外，从花梗上的腋芽发育成子株并长出新根时，可从花梗上切下进行分株栽植。分株以花朵完全凋萎后进行最好。盛夏高温季节分株，伤口容易腐烂；冬季分株由于气温低，根恢复较慢。在操作过程中，要除去基部自然干枯的黄叶，剪除干瘪和受损的根。

2.播种

蝴蝶兰的种子非常细小,实生苗培育3~4年可成为开花兰株。播种前应先将蒴果用10%~15%的次氯酸钠溶液浸泡10~15分钟,在无菌条件下切开果实,取出种子播种到预先准备好的培养基上,整个播种过程须在无菌条件下进行。一般播种后10个月左右,完整小苗就可从培养瓶中移到小盆中培养。

3.组织培养

组织培养是蝴蝶兰的主要繁殖方式。蝴蝶兰属于单轴类的洋兰,极少能产生侧芽,用侧芽作为外植体取材比较困难。蝴蝶兰主要以切取幼苗或兰株的顶尖和叶片作为外植体。

四 栽培管理

1.光照

蝴蝶兰耐阴,生长最适光照量以其叶片不受灼伤为限,光线越强,生长越好,遮光太强会影响花芽分化。为促进开花,7—8月盛夏应有50%~70%的遮光率,5—6月和9月的遮光率应为30%~50%,冬季只须保持20%的遮光率即可。

2.温度

蝴蝶兰耐寒性较弱,其生长温度应保持在16~30 ℃,生长期最适宜的温度条件是白天25~28 ℃、晚上18~20 ℃。花芽分化温度需在18 ℃以下,分化后升至20~25 ℃,诱发花茎生长。冬季温度应控制在白天18~21 ℃、晚上15 ℃以上。当夏季气温超过35 ℃或冬季气温低于10 ℃时,则会生长缓慢或停止生长。当温度低于16 ℃时,必须采取加温措施,否则会引起冻伤,影响生长,甚至造成花色变暗、花朵脱落。

3.水分管理

浇水适当与否对蝴蝶兰生长影响很大。浇水次数与浇水量应视生长环境条件而定。通常掌握在花盆九成干后再浇水。一般每12天浇水1次,浇水时间最好放在上午,夜间应尽量避免叶片上残留水分,以免发生病害。浇水时,水温应控制在22~25 ℃,每次浇水时必须充分浇透。

湿度控制在60%~85%,遇到比较干旱的天气,应在花盆的附近放置水盆，提高盆景周围小环境的湿度。生长环境需要通风良好、空气流通，忌闷热。

4.肥料管理

蝴蝶兰所需的养分，主要是氮、磷、钾三要素及微量元素。在新芽、新叶发生时期，应多施氮肥，或施用花店销售的、已配置好的专用花肥。开花期至成熟期，可多施磷、钾肥等，以保证花期养分的需要。

（1）不同的栽培阶段的施肥。在小苗期，N:P:K=30:10:10，EC 值为 0.5~0.6，以施 N 为主促进营养生长。在中苗期，N:P:K=20:20:20，EC 值为 0.6~0.8，以均衡肥为主。在大苗期，N:P:K=20:20:20，EC 值为 0.8~1.0，在进行花期调控前的 1 个月，需将肥料改为磷钾含量较高的肥料。

（2）施肥的原则。施肥的原则主要有：①勤施、薄施、气候不良不施，根圈太湿不施。②施肥时，请保持空气对流，以免根圈浸水太久，导致窒息现象。③新芽刚长成和植株营养初期，氮肥需量较多，但须配合施钾肥。④弱株或刚栽植的兰株暂勿施肥。⑤花芽形成时应增施磷肥，以促进花蕾发育。⑥兰花的根、叶都能吸收肥料，施肥时最好能把兰株淋湿，叶背优于叶面，完全成熟叶优于老叶。

（3）施肥方法。施肥方法主要有：①每次浇水时均浇肥，肥水同期施用，夏天每 3~7 天施用 1 次，冬天 5~10 天施用 1 次。②肥水交替使用，即 2~5 次水 1 次肥。

五 蝴蝶兰病虫害防治

1.环境引起的生理性病害

（1）花苞掉落。在开花完成阶段，如果光线过强、温度太高，容易引起花苞自花梗上脱落。根系发育不良也会造成此现象。花卉在输送之前如果未经适应阶段也会有落苞现象。

（2）斑点。植物自生长区运送到催花区，叶片上容易出现凹陷斑点，原因在于部分或全部细胞已死亡。在搬运过程中，光线太强或其他环境因素也会造成叶片凹陷。

（3）红叶。蝴蝶兰受外界影响而产生红叶现象的原因通常是光量太强、温度太低或根系未充分发育。

2.蝴蝶兰常见病害及防治

（1）花瓣灰霉病。花瓣上着生黑色霉点，霉点上可看到菌丝体。

（2）炭疽病。叶片长出大块黑褐色或淡褐色椭圆形或不定形病斑，病斑上有黑褐色或粉红色同心圆小点。

（3）白绢病。病菌侵入根及叶片，造成根腐或叶片软腐。受害部位及植料上长出白色菌丝，后转为褐色的菌核颗粒。

（4）细菌性软腐病。叶片出现浸渍状斑点，面向光源时，斑点呈现透明状。

对花瓣灰霉病、炭疽病、白绢病等真菌性病害植株，可施甲基托布津、多菌灵、锌锰乃浦、炭疽立克等药剂。对细菌性软腐病植株，可施农用链霉素等药剂。

3.蝴蝶兰主要虫害及防治

（1）蓟马。为害花器及幼嫩新叶，花芽萎缩黄化脱落，成熟花苞被害后花被皱缩扭曲，花瓣受害后形成白色斑点或条纹，花瓣褪色。

（2）介壳虫。受害叶叶色暗淡，严重时叶片黄化枯萎脱落。

（3）螨类。被害叶片呈现密集的银灰色小斑点，而后渐变暗褐色斑块，最后枯黄脱落。

（4）蝶蛾幼虫。蝶蛾幼虫会嚼食幼嫩叶片，使叶片呈现透明食痕或孔洞，为害花朵时会嚼食花瓣。

应对蓟马、介壳虫、螨类等虫害时，可喷速扑杀、氧化乐果等。应对蝶蛾幼虫虫害时，可喷万灵、敌敌畏、杀虫环等。

图 5-10　蝴蝶兰

第六章 插花艺术概述

第一节 插花艺术的概念及分类

一 插花艺术的定义及其范畴

1.插花艺术的定义

插花艺术是以切花花材为主要素材，通过艺术构思、剪裁整形与摆插来表现自然美与生活美的一门造型艺术。

2.插花艺术的范畴

(1)狭义的范畴。狭义上，插花艺术仅指使用器皿插作切花花材的摆设花。

(2)广义的范畴。广义上，凡利用鲜切花花材造型，具有装饰效果或欣赏性的作品，都可称为插花艺术。既包括使用器皿的摆设花，也包括不用器皿的摆设花，还包括花束等。

二 插花艺术的分类

1.按艺术风格分类

(1)传统东方式插花。传统东方式插花以中国和日本的插花作品为代表。其特点是以线条造型为主，注重自然典雅，构图活泼多变，讲究情趣和意境，重写意，用色淡雅。插花用材多以木本花材为主，不求量多色重，但求韵致与雅趣。

图 6-1　东方式插花

（2）传统西方式插花。传统西方式插花以美国、法国和荷兰等欧美国家的插花作品为代表。其特点是色彩浓烈，以几何图形构图，讲究对称和平衡，注重整体的色块艺术效果，富于装饰性。用材多以草本花材为主，花朵丰腴，色彩鲜艳，用花较多。

图 6-2　西方式插花

（3）现代式插花。现代式插花同时拥有传统东西方式插花艺术的特点，既有优美的线条，也有明快艳丽的色彩和较为规则的图案，更渗入了现代人的意识，追求变化，不受拘束，自由发挥。现代式插花追求造型美，既具装饰性，也有一些抽象的意念。

图 6-3 现代式插花

2.按使用目的分类

（1）礼仪插花。用于各种庆典仪式、迎来送往、婚丧嫁娶、探亲访友等社交礼仪活动的插花叫礼仪插花。

图 6-4 礼仪插花

（2）艺术插花。用于美化、装饰环境或陈设在各种展览会上供艺术欣赏的插花叫艺术插花。

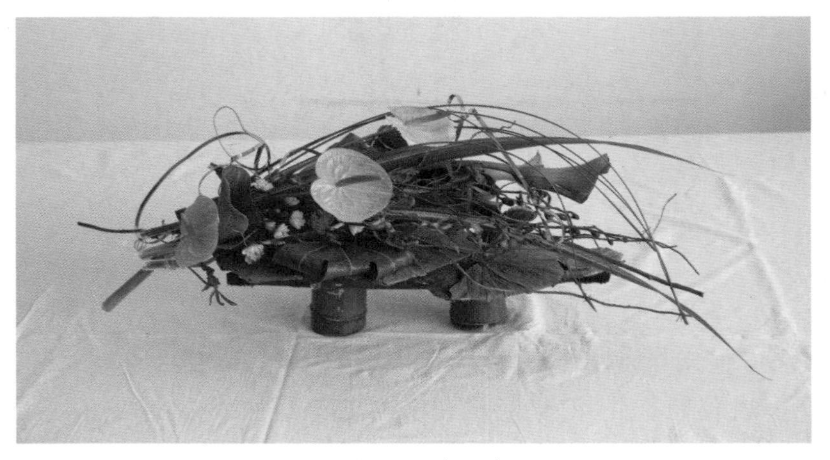

图 6-5 艺术插花

3.按插花器皿分类

（1）瓶花。使用高身的花器，如陶瓷花瓶、玻璃花瓶等来进行创作的插花形式即为瓶花。

图 6-6 瓶花

（2）盘花。使用浅身阔口的容器进行创作的插花形式即为盘花。因盘花像盛放着的花，故在日本又被称为“盛花”。

图 6-7 盘花

（3）钵花。钵可以看作是介于瓶与盘之间的一类花器。使用钵作为容器进行创作的插花即为钵花。

图 6–8　钵花

（4）篮花。使用篮子作为容器进行创作的插花即为篮花。

图 6–9　篮花

（5）壁挂式插花。把花吊于栋梁或挂于墙壁的插花形式即为吊花或挂花。

图 6-10　壁挂式插花

(6)组合式插花。把几种花器组合在一起进行创作的插花形式即为组合式插花。

图 6-11　瓶盘组合式插花

第二节　插花艺术的特点

一 时间性强

由于花材不带根，可吸收的水分和养分有限，可水养的时间较为短暂，少则 1~2 天，多则 10 天或半个月。因此，插花作品供创作和欣赏的时间较短，要求创作者与欣赏者都要有时间观念，创作者要把花材开放的最佳状态展现出来，而欣赏者应在展览的前三天前去参观欣赏。

二 随意性强

插花作品在选用花材和容器方面非常随意和广泛，可随陈设场合及创作需要灵活选用；作品的构思、造型可简可繁，任由作者发挥；作品的陈设及更换也都较灵活随意。

三 装性性强

插花作品集众花之美而创作，随环境变化而陈设，艺术感染力强，在装饰上具有画龙点睛的作用。

四 充满生命活力

插花以鲜活的植物材料为素材，将大自然的美景和生活中的美，以艺术的形式再现于人们面前。作品充满了生命的活力，这是插花艺术的最大特征。尽管近代新潮插花允许使用一些非植物材料，但其只能作为附属物。

第三节 学习插花的方法与插花的创作步骤

虽喜爱插花者众多,且插花入门非常简单,但要插花插得好,则要懂得一些理论知识,并知晓一些插花的方法和创作步骤。否则,就像往笔筒里插笔一样,既无情趣更无韵味,根本称不上“艺术”。

一 学习插花的方法

1.插花的理论知识

插花的理论知识包括花材知识和造型原理知识。此外,还可学习诗词、书法、绘画等方面的知识,以提高自己的文化艺术修养、创作和鉴赏能力。只有不断提高自身的文化素质,才能不断丰富作品的内涵,更好地表达美的意境。

2.亲自实践

亲自实践包括走进大自然观察一草一木和动手插作两个方面。学习花材知识不能只限于书本,必须亲自到大自然中去,亲近、了解花材,才能领会花材的风姿神韵,更好地去表现它们。动手插作时可先临摹基本的花艺造型,推敲各枝条的角度、位置,领会造型原理中的理论和构图特点,练习修剪、弯曲和固定技能。插花的技巧不是一次两次就能奏效的,必须多多实践,才能一点点加深体会,不断提高插作能力,从而创作出自己的作品。

3.善于总结和吸收经验

每次作品创作完后,要不断总结自己的经验,还可请别人提出批评,听取别人的评价。这些评价往往是无价之宝,令人受益匪浅。同时也不要放过观摩别人作品的机会,吸取别人的长处,启迪思路。久而久之,你一定能畅游于插花艺术领域,享受创作的无限乐趣。

二 插花的创作步骤

1.立意构思

插花时必须先构思、后动手，否则拿着花材也无从下手。立意就是明确目的、确立主题，可从下面几个方面入手。

（1）确定插花的用途。插花作品一般可用于节日喜庆、环境装饰、送礼、自用等。根据用途确定插花的格调是华丽还是清雅。

（2）明确作品摆放的位置。根据环境的大小、氛围及摆放作品的位置，来选定合适的花艺造型。

（3）作品想表现的内容或情趣。插花作品可以表现植物的自然美态，还可借花寓意，抒发情怀。

2.选材

根据以上构思选择相应的花材、花器和其他附属品。

花材的选用，古人虽有将花划分等级，如几品几命，或分什么盟主、客卿、使命，但这都只是把人的意志强加给花而已。花无分贵贱，全在巧安排。只要花材材质相配、色彩协调，就可任由作者的喜好和需要去选配，没有固定的模式。

3.造型插作

花材选好后，就可运用插花的基本技能，把花材的形态展现出来。在这一过程中应用自己的心与花“对话”，边插边看，捕捉花材的特点，把握自己想表达的情感，务求以最美的角度表现，有时最终效果往往会超出预期。要把人们的注意力引导到你想要表达的中心主题上，让主题花材位于显眼之处，其他花材退居次位。这样，作品才易被人接受，获得共鸣。

4.命名

作品的名字也是作品的一个组成部分。尤其是传统东方式插花，有时赋上作品名会使作品更为高雅，欣赏价值也随之提高。

5.清理现场，保持环境清洁

这是插花不可缺少的一环，也展现了插花者应有的品德。有的创作者插花时会先铺上废报纸或塑料布，在垫纸上对花材修剪加工。作品完成后，创作者会把垫纸连同废枝残叶一起清理掉，现场不留下水痕和残渣。这种插作作风值得发扬和学习。

第七章 插花器具与花材

第一节 插花的器具

一 花器

选择花器时，要保证花器底部平稳，能够方便摆放，还需要考虑花器和周围环境相协调。插花作品整体成功与否与花器的选择有很大的关系。

1.花器的作用

花器对插花作品是十分重要的，它不仅作为一个容器盛放花材和水，以维持花材的生命，保持其鲜度，还是插花艺术作品中不可缺少的一部分。中国传统插花艺术对花器的选用极为讲究。欣赏作品时都是把花材、花型与花器，甚至几架连在一起作为整体进行欣赏。在正规的插花比赛中，花器亦占有一定的比分。

2.花器的分类

现代花器的种类有很多，按材质可分为陶瓷、塑料、玻璃、竹篾、金属等。花器形状更是五花八门。然而现代人插花不仅仅使用传统的花器，还会使用各种日常生活用具如碗、碟、茶具、罐，甚至是废弃的饮料瓶等，以增加生活情趣。另外，还有人使用竹编笼筐、簸箕、鱼篓等作为花器，来表现田园野趣。有的创作者在创作一些抽象的造型作品时会选用或自创异形花器。在现代式插花作品中，创作者为了表现某种质感，往往将木屑、树皮或叶片粘贴在花器外以改变花器原有的形状或质感，满足自由创意的要求。

手捧花束有专用的花器，如花托。花托由塑料手柄、栅栏罩和花边等组成，栅栏罩内放置花泥，可更换。用花托制作手捧花十分方便。

(a)6 种不同形状的插花花瓶

(b)6 种不同形状的插花花盆

(c)6 种不同形状的花篮

图 7-1　不同种类的花器

二 花器的选配

1.风格选择

中式风格的厅房可选用以传统花瓶作为花器的东方式插花来装饰；西式风格的环境可搭配西方式花器的西方式或现代式插花来装饰。

2.颜色选择

花器的颜色与花材的颜色要协调。浅色花器搭配深色花材，深色花器搭配浅色花材。

3.质地选择

花器质地和花材种类要协调。如素色及形状简单的陶瓷花器适合搭配各种花材；花篮适合搭配一些枝叶繁茂的花材；而木质花器则是搭配乡间野花的最佳选择。

4.外形选择

花器的外形和花材造型要协调。如球茎状花器适用于大幅度曲线造型的插花作品，而直立形状的花器则需搭配高而直线形生长的花材。

三 固定花材用具

固定花材可用花插、花泥、铁丝网等。这些用品在插花作品中运用较多。

1.花插

花插，又名“剑山”，由许多铜针固定在锡座上铸成，有一定重量以保持稳定，是浅盘插花必备的用具。花茎可直接插在这些铜针上或插入针间缝隙来固定位置。花插的使用寿命较长。

图 7–2　花插

2.花泥

花泥，又名“花泉”，是近年来新发明的产品，可随意切割，吸水性强，干燥时很轻，浸水后变重，有一定的支撑强度，花茎插入其中即可定位，十分方便。因此，花泥大受插花者青睐。

图 7-3　花泥

3.铁丝网

铁丝网，由细铁丝编织成六角形孔网。高型花器不能搭配剑山使用，可搭配铁丝网使用。把铁丝网卷成筒状插入花瓶内，花茎插入网孔，利用铁丝来固定位置。

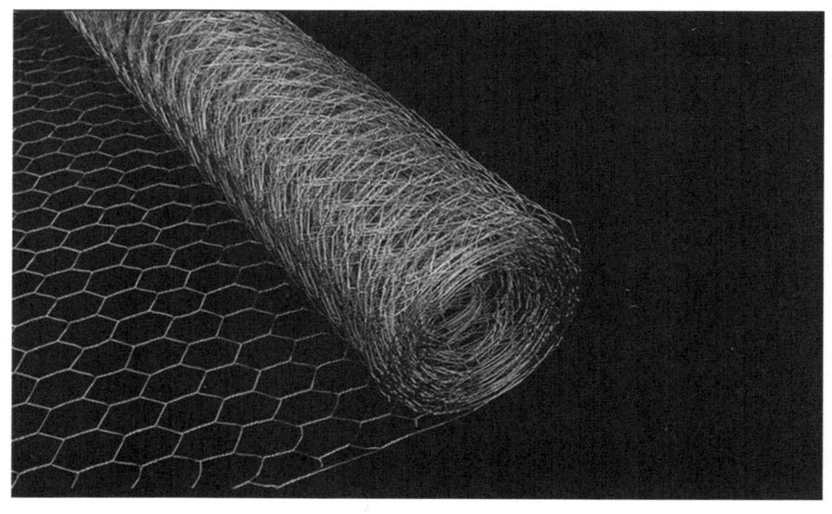

图 7-4　铁丝网

四 其他用具及附属品

插花的工具很多,有专用工具,也有一些辅助工具。每一种工具都有其各自的功用。插花用具大致可以分为以下几类。

1.修剪工具

插花使用的修剪工具主要有剪刀、刀和锯。剪刀是必备工具,尤其是修剪木本植物,可以根据需要准备各种类型的剪刀,如枝剪和普通剪等。

2.辅助工具

辅助工具有金属丝、铁丝钳、绿色胶带、喷水器等。

(1)金属丝。多使用 18~28 号的铅丝,号码越大,铁丝越细。最好用绿棉纸或绿漆做表面处理。

(2)铁丝钳。用于剪断铁丝。

(3)绿色胶带。用铁丝缠绕过的花枝可用绿色胶带缠卷。折断的花枝如须继续使用,可用胶带包卷使其复原。

(4)喷水器。花材整理修剪后,在插之前及插好之后都要喷水,以保持花材新鲜。

3.附属品

在插花作品上可摆放一些小装饰物,如瓷人、小动物、丝带花等,以增添气氛。但必须注意,附属品的大小、形态和摆放位置务必与插花作品相衬,不能喧宾夺主。

第二节 花　材

一 花材的分类

1.按花材的形态特征分类

(1)线形花(线状花)。线形花的整个花材呈长条状或线状。利用植物的自然形态,构成插花造型的轮廓,也就是骨架。例如,金鱼草、蛇鞭菊、飞燕草、龙胆、银芽柳、连翘、剑兰、腊梅、桃花等。

左:唐菖蒲　右:金鱼草

图 7-5　线形花材

(2)簇形花(块状花)。簇形花花朵集中成较大的圆形或块状,一般用在线状花和定形花之间,是完成造型的重要花材。没有定形花的时候,可用盛开的簇形花代替定形花,插在视觉焦点的位置。例如,康乃馨、非洲菊、玫瑰、白头翁、月季、菊花、牡丹、向日葵等。

左上:月季　右上:康乃馨　左下:花毛茛　右下:洋桔梗

图 7-6　团块状花材

（3）定形花（形式花）。定形花花朵较大，有其特有的形态，是看上去很有个性的花材。作为设计中最引人注目的花，经常是作品中的视觉焦点。定形花本身形状上的特征使它的个性更加突出，使用时要注意发挥它的特性。例如，百合花、红掌、天堂鸟、芍药等。

左上：鸡冠花　右上：红掌　左下：蝴蝶兰　右下：马蹄莲

图 7–7　定形花材

（4）填充花（散状花）。填充花分枝较多且花朵较为细小，一枝或一枝的茎上有许多小花。具有填补造型的空隙、连接花朵的作用。例如，小雏

左：尤加利　右：狼尾蕨

图 7–8　填充花材

菊、小丁香、满天星、小苍兰、白孔雀、情人草、勿忘我等。

2.按构图作用分类

(1)骨架花材。骨架花材是在构图中确定整体高度和外形骨架的花材。

(2)主体花材。主体花材是完成整个造型轮廓的花材。

(3)焦点花材。焦点花材是作为插在整个造型的视觉(兴趣)中心(焦点)的花材。

(4)填充花材。填充花材是用于填补造型空隙部位、完善造型的花材。

3.按植物的器官分类

(1)切枝。切枝是从植株上剪切下来的木本枝条。

(2)切叶。切叶是从植株上剪切下来的叶片。

(3)切花。切花是从植株上剪切下来的花。有单花与花序之分,但都以观花为主。

(4)切果。切果是从植株上剪切下来的果实。

4.按花材性质分类

(1)鲜花花材。即鲜切花,具有生命活力。

(2)干花花材。即经过干燥的植物材料,可保持植物的自然形态,且可人为染色。

(3)人造花花材。即人工仿制的植物材料。

二 花材的选择

1.根据造型组合选择

根据不同花艺造型,选用的花材也有所不同。

2.根据配色原理选择

以色彩主体为设计时,可采用同色系、对比色系、极端浓淡等配色方式。若想表现季节感,不妨采用绿色系或粉彩色系(表现春天的氛围感)、蓝色系(表现夏天的氛围感)、茶色系(表现秋天的氛围感)、白色系或暖色系(表现冬天的氛围感)等。

3.根据实用性选择

祝贺及庆典场合较重喜气,应选择较鲜艳的花材;探病或丧礼等场合应选择朴素的花材。另外,可按照习俗、节气,或个人爱好来挑选花材。

4.根据植物生态选择

选择生态习性相似的植物进行搭配。

三 花材的采集与选购

1.采集时间

应在气温较低、无风、无日晒时剪取花材,清晨最好,傍晚亦可。

不同花材的适宜剪取时间不同。如香豌豆,若在花蕾取,则不开放时剪,必须每枝上着生的 3~4 朵花有一半全开放后才能剪。牡丹、芍药、香石竹等在花蕾时剪切为宜,存放时间长,水养能开放。月季、荷花等在含苞时剪切为宜。

2.花材的选购

(1)茎部。应选购茎部挺拔有力、有弹性者。茎部下端黏滑或有臭味者则不佳。

(2)花叶。应选购叶片翠绿、花半开且花蕾的花托有弹性者。

3.花材包扎

花材采集或选购后,应注意包扎。最好用报纸把花朵小心包好,切勿暴晒于阳光下或受风侵袭。茎、叶部外露暂无妨。但很多人会将茎、叶部包好,使花朵外露,这样对花是很不爱护的。应避免用玻璃纸包花,阳光透入会伤花。

第八章　插花的色彩

第一节　色彩的表现机能

色彩是构成美的重要因素。花材本身色彩鲜艳、丰富，但想把它们搭配得和谐悦目，则需要掌握一些色彩知识。色彩是由色相、明度和彩度三要素构成的。色相，指色彩的相貌，也是区别各个色彩的名称。明度，指颜色中的光量、色彩的明暗和深浅程度。彩度，也叫纯度，指颜色的纯洁度。色彩是富有象征性的，它有冷暖、轻重远近及情感的表现机能。

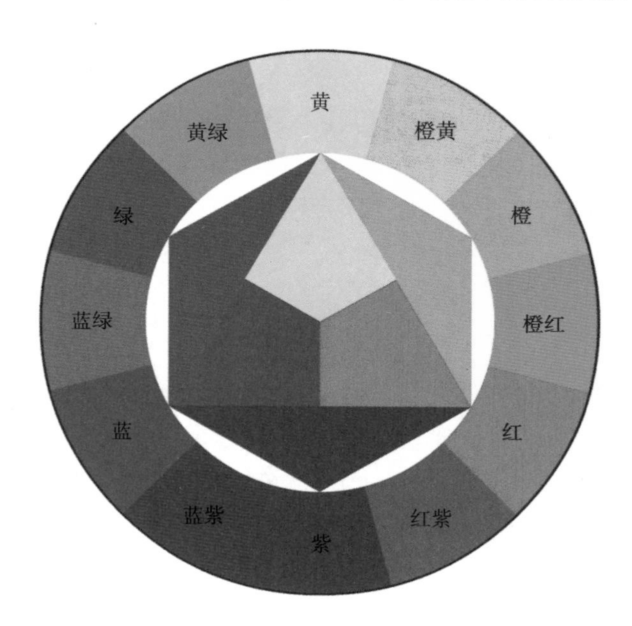

图 8-1　伊登十二色环

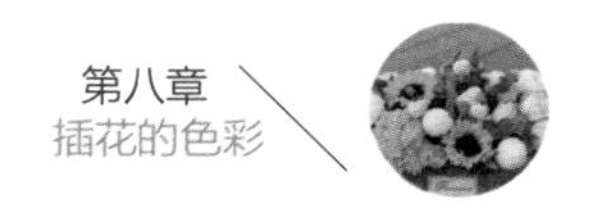

一 色彩的冷暖感

色彩本身并无温度差别，但能令人产生联想，从而感到冷暖。红、橙、黄等色使人联想到太阳、火光，产生温暖的感觉，因而属于暖色系，具有明朗、热烈和欢乐的效果。而绿、青、蓝等色则属于冷色系。

二 色彩的轻重感

插花时要善于利用色彩的轻重感来保持花型的均衡稳定。颜色深的、暗的花材宜插在低矮处，而飘逸的花枝可选用明度高的浅淡颜色。

三 色彩的远近感

红、橙、黄等暖色系的波长较长，看起来会拉近距离，故又称其为“前进色”。而蓝、紫等冷色系的波长较短，看起来会拉远距离，故又称其为“后退色”。黄绿色和红紫色等为中性色，感觉较柔和，看起来不远不近。

四 色彩的感情效果

色彩能够影响人的心情。不同的色彩会引起不同的心理反应。不同的民族习俗、个人爱好、文化修养、性别、年龄等会让人对色彩产生不同的联想效果。

红色给人艳丽、热烈、富贵、兴奋的感觉。人们习惯用红色花来表示喜庆、吉祥。

橙色是丰收之色，表示明朗、甜美、成熟和丰收。

黄色具有一种富丽堂皇的富贵气息，象征光辉、高贵和尊严。我国皇宫、宝殿等装饰的琉璃瓦是黄色的，以示至高无上。但是在丧礼上，黄色的花却使用十分普遍。在日本，黄菊只用于丧礼。在西方，送黄玫瑰表示分手。

绿色富有春天气息，给人一种生机勃勃的感觉，具有健康、安详、宁静的象征意义。

蓝色有安静、深远和清新的感觉，往往和碧蓝的大海联系在一起，使人心旷神怡。

紫色带给人华丽高贵的感觉,淡紫色则使人觉得柔和、平静。

白色是纯洁的象征,具有朴素、高雅的本质。在西方婚礼上,新娘喜用白色。但是,在我国文化背景中,白色则有悲哀和悼念的含义。

黑色给人坚实、含蓄、庄严、肃穆的感觉,同时又易让人联想到黑暗。

第二节　插花色彩的配置

插花的色彩配置,既是对自然的写真,又是对自然的夸张,主色调要适合使用环境。

就花材的种类而言,木本花卉深重有力,草本花卉则鲜明可人。而图案式花艺的特点是色彩浓厚、热烈,可将反差强烈的颜色集于同一作品之中。

就花材与容器的色彩配合来看,素色的细花瓶与淡雅的菊花更有协调感;浓烈且具装饰性的大丽花搭配釉色乌亮的粗陶罐,可展示其粗犷的风姿。

第三节　插花色彩的设计

五颜六色组合在一起,并不一定美,搭配不好反而使人感到烦躁不安。一件作品的色彩不宜太杂,配色时不仅要考虑花材的颜色,还要考虑所用的花器以及周围环境的色彩和色调,只有互相协调才能产生美的视觉效果。

一　同色系配色

使用同色系配色(用单一的颜色)适合初学者,较易取得协调的效果。如果能利用同一色彩的深浅浓淡,按一定方向或次序组合,会形成有层次的明暗变化,产生优美的韵律感。

图 8-2 同色系插花搭配

二 近色系配色

近色系配色指利用色环中互相邻近的颜色来搭配，如红—橙—黄、红—红紫—紫等。这时，应选定一种颜色为主色，其他颜色作为陪衬，数量上不要相等，然后按色相逐渐过渡产生层次感；或以主色为中心，其他颜色在四周散置也能烘托出主色的效果。

图 8-3 近色系插花搭配

三 对比系配色

对比系配色就是将明暗悬殊或色相性质相反的颜色组合在一起。除了要通过调整主次色的数量(面积)和色调达到和谐统一的效果外,还要选用一些中性色加以调和。黑、白、灰、金、银等中性色能起调和作用,故又称为"补救色"。因此,插花时,加插一些白色小花十分重要,可使色彩更明快、和谐。而花器可选用黑色、灰色或白色的,较易适应各种花的颜色。

图 8-4　对比色插花搭配

第九章 插花基本原理和技法

第一节 插花基本原理

一 比例

插花作品的各个部分之间以及局部与整体在大小、长短上的比例须恰当,看起来才匀称。插花时要根据作品摆放的环境大小来决定花艺造型的大小,所谓“堂厅宜大,卧室宜小,因乎地也”。花艺造型大小要与所用的花器尺寸成比例。古有云:“大率插花须要花与瓶称,令花稍高于瓶,假如瓶高一尺,花出瓶口一尺三四寸,瓶高六七寸,花出瓶口八九寸,乃佳,忌太高,太高瓶易仆,忌太低,太低雅趣失。”

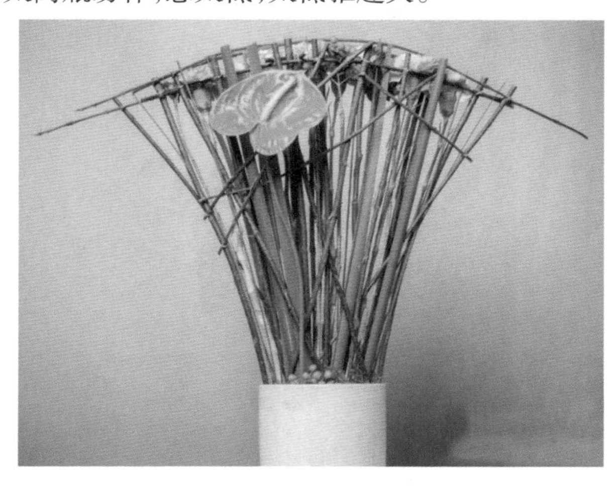

图 9-1 竖向直立型

图 9–2　横向延伸型

1.花艺造型与花器之间的比例

花器单位:花器的高度与花器的最大直径(或最大宽度)之和为一个花器单位。

花艺造型的最大长度为 1.5~2 个花器单位。花材少、花色深时,花艺造型的长度和花器单位的比例可增大。

2.环境因素

摆放环境空间大时,作品可大;环境空间小时,作品可小。

图 9–3　作品与环境

二 均衡

均衡是平衡与稳定，是插花造型的首要条件。平衡有对称的静态平衡和非对称的动态平衡之分。对称平衡的视觉简单明了，给人以庄重、高贵的感觉，但有点严肃、呆板。传统的插法是花材的种类与色彩平均分布于中轴线的两侧，为完全对称。现代插花则往往采用组群式插法，即外形轮廓对称，但花材形态和色彩则不对称，将同类或同色的花材集中摆放，使作品产生活泼、生动的视觉效果，这是非完全对称，或称为“自由对称”。非完全对称的平衡灵活多变、飘逸，具有神秘感。有如杂技表演，给人以惊险而平稳的优美感。非完全对称没有中轴线，左右两侧不相等，但通过调整花材的数量可达到左右均衡。

图 9-4　均衡

三 多样与统一

多样是指一个作品是由多种成分构成的，如花材、花器、几架等，花材常常不止一种。统一是指构成作品的各个部分应相互协调，形成一个完美的有机整体。众多元素并存时，需要一个主导元素起支配功能，其他元素则处于从属地位。一个作品，主导只能有一个，否则多主即无主。选用花材时，也应以某一品种或某一颜色为主体，千万不要各种色彩或各种花材数量均等，否则就显得杂乱无章了。

图 9-5 多样与统一

四 调和

调和就是协调，表示气氛美好，各个元素、局部与局部、局部与整体之间相互依存，没有分离排斥的现象，从内容到形式都是一个完美的整体。一般主要指花材之间的相互关系，体现花的共性，每一种花都不应有独立于整体之外的感觉，也可通过选材、修剪、配色、构图等技巧达到调和的效果。此外，通过对比可使作品更生动活泼和协调。

图 9-6 调和

五 一致性

一致性主要指花材与花器之间的统一、和谐关系。一是色彩上，花材与花器色彩相近容易达到一致性，而色彩呈对比色时，应注意调和。二是形式上，东方式花器应插东方式造型，西方式花器应插西方式造型。三是内涵上，即内容上要和谐。

图 9-7　一致性

六 韵律

韵律就是音韵和规律，音在高低强弱、抑扬顿挫等有规律的变化中，形成优美动听的旋律。我国古代的诗歌很讲究韵律。在造型艺术中，韵律美是一种动感，插花也一样，它通过有层次的造型、疏密有致的安排、虚实结合的空间、连续转移的趋势，使插花富有生命力与动感。

1.层次

高低错落、俯仰呼应形成作品的层次。插花要插出立体层次，要有高有低、有前有后，要有深度，不能都插在一个平面内。一般初学者只看到左右的分布，而看不到前后的深度，应理解透视的概念，使作品有向深远处延伸之势。所以，花枝修剪要有长有短，一般陪衬的花叶其高度不可超过主花。此外，深色的花材可插得矮一些，浅色的花可插得高一些，这是通过色彩变化增强层次感。

图 9-8　层次

2.疏密有致

插花作品中,花朵布置忌等距排布,要有疏有密,才有韵味。如有四朵花则三朵一组间距小一些,另一朵宜拉开距离插到较远处;如有五朵花,则三朵一组,另外两朵拉开距离。

图 9-9　疏密有致

3.虚实结合

空间对艺术品十分重要。中国国画的布局上大多会留出一角空白，书法也讲究“布白当黑”，如密集一团就看不清字形了。中国古语有云“空白出余韵”，可见空白对韵味的作用。插花也一样，空间就是作品中花材的高低位置所营造出的空位。一个作品如塞满密密麻麻的花、叶，则显得臃肿、压抑，中国传统的插花之所以讲究线条，就因线条可画出开阔的空间。过去西方传统的插花以“大堆头”著称，现在也注重运用线条了。插花作品有了空间就可充分展示花枝的美态，使枝条有伸展的去处。空间可扩展作品的范围，使作品得以舒展。各种线材，无论是扭扭曲曲的枝条，还是细细的草、叶，都是构筑空间的良材，善于利用即可使作品生动、飘逸有灵气。现代插花十分注重空间的营造，不仅要看到左右平面的空间，还要看到上下前后的空间。空间的安排适当与否也是决定插花技艺高低的要素之一。

图 9-10　虚实结合

4.重复与连续

重复出现不仅有利于统一，还可引导视线随之高低、远近地移动，从而产生层次的韵律感。花、叶由密到疏、由小到大、由浅到深，视线也会在这种连续的变化中飘移，产生一定的韵律感。没有韵律的作品就会显得死气沉沉。

图 9–11　重复与连续

以上各项造型原理是互相依存、互相转化的。疏密不同即出现空间，疏密布置得当即产生稳定的效果，高低俯仰、远近呼应不仅能产生统一的整体感，也会表现出层次和韵味。只要认真领会个中道理，将其应用，即可创作出优美的插花作品。而一个优良的艺术造型，除了具有优美的外形，更要通过外形注入作者情感，表达一定的内涵，意境和造型交织融合才能动人心弦。

第二节 插花艺术的基本技法

在插花前,创作者心中都会有一个预期造型,但是要想将这些不好固定的花材塑造成自己心中的完美造型,并不是一件简单的事。所以,想利用不同的花材创作插花作品,还需要掌握一些固定的技法。

1.花材的处理

(1)花材的修剪。①顺其自然。②以主视面为中心,取舍其他枝叶。③把握不定的暂时不剪,在插的过程中根据需要进行修剪。④一般应剪去病虫害侵染的、干枯发黄的、破损折短的枝叶,过于繁密的影响轮廓的枝叶,妨碍整体姿态的枝叶(如平行枝、对称枝、交叉枝、下垂枝等)。

(2)花材的造型。①粗大枝条弯曲:用锯或刀先锯1~2个缺口,嵌入小楔子,强制弯曲,或完全锯开,切口须有一定角度,根据弯曲角度需要拼接起来。②较硬枝条弯曲:两手持花枝,手臂贴着身体,大拇指压着要弯的部位,慢慢用力向下弯曲成所需要的造型(握曲),或外缠铁丝,用手使劲弯曲枝条进行造型。③较软枝条弯曲:用右手拿着软枝的适当部位,左手旋扭即可;对一些中空的草质花茎可用手折曲一定部位。

(a)较硬枝条弯曲

(b)粗大枝条弯曲

(c)较软枝条弯曲

图9-12 花材造型法

(3)花朵的艺术加工。①铁丝造型:用铁丝通过绕茎、倒钩穿刺、左右穿刺等方法加固花茎或延长花茎。②切割造型:用剪刀把花切成几部分,分割成小花。③粘贴造型:把各个花朵或花瓣通过粘贴进行造型。

(4)叶的整形。①修剪:把叶片用剪刀修剪成各种形状,用到插花作品中,使构图更丰富。②弯曲:对较软的叶材,把叶片夹在指缝中轻轻抽动,

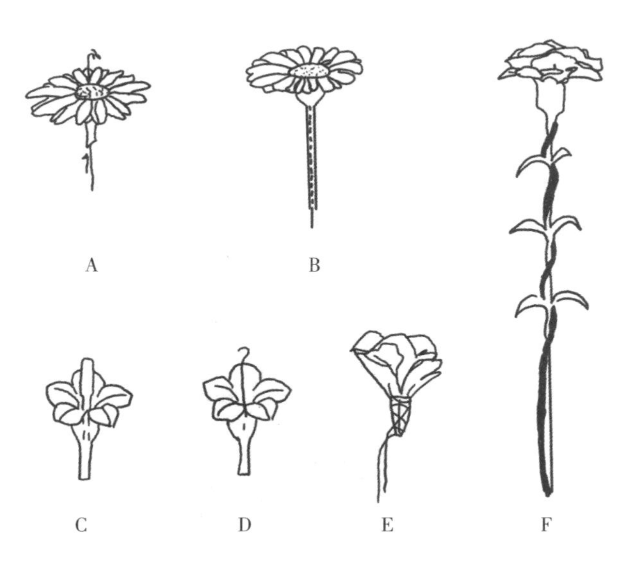

图 9-13　花朵铁丝造型操作

反复几次就可;对较硬的叶材,用大头针、订书针、胶纸、铁丝固定弯曲。③加固:对叶柄较长的大叶片,可通过窜、贴铁丝对叶片进行加固定型或结长叶柄。

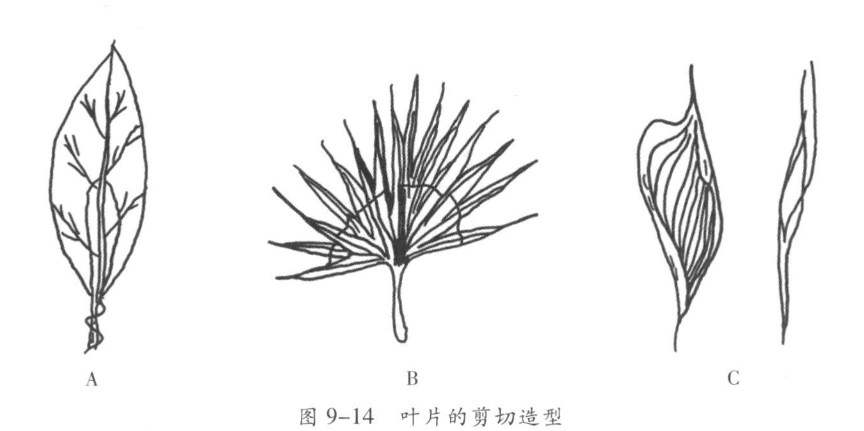

图 9-14　叶片的剪切造型

2.花材的固定

花材经过修剪、弯曲,最终必须把它的位置和角度按构思的布局固定下来,才能形成优美的造型。这就全依靠巧妙的固定技术,常见的固定方法有以下几种。

图 9-15　叶片的弯曲造型

（1）盘、钵固定法。一般用剑山固定。这种固定法可使作品显得清雅，插口紧凑、干净，但需一定的技巧。

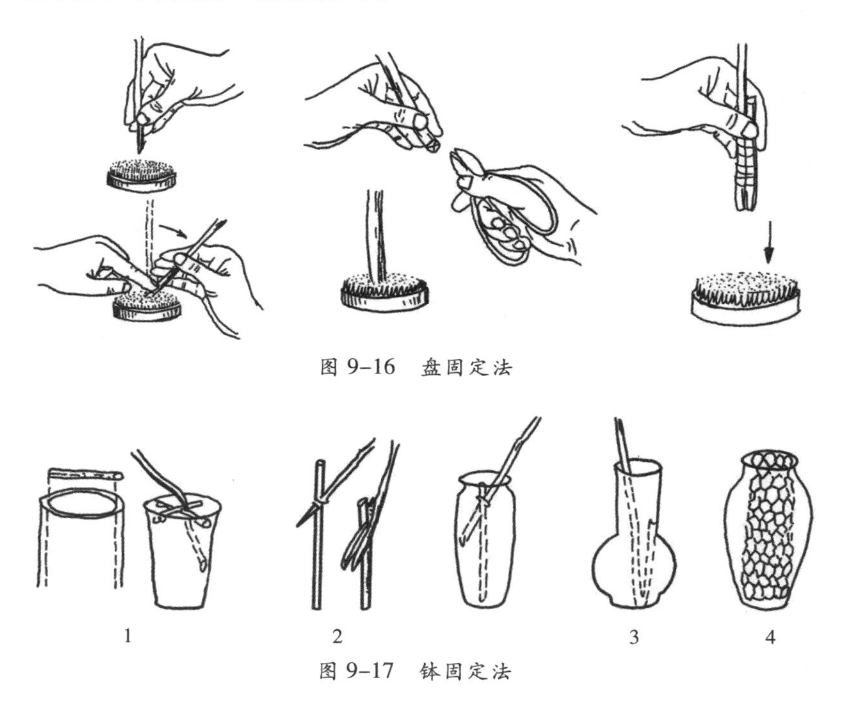

图 9-16　盘固定法

图 9-17　钵固定法

草本花材的茎秆较软，剪口宜与茎秆垂直，不要剪成斜口，再将其直接插在剑山上。当枝条太细、固定不牢时，可先在基部卷上纸条，或将其绑在其他枝上，或插入较松的短茎内再插入剑山。空心的茎，可先插上小枝，再把茎秆套入。

木本枝条较硬，容易把剑山的针压弯，故宜将切口剪尖，插在针与针之间的缝隙中固定。如需倾斜角度时，则应先垂直插入，再轻轻把茎压到所需位置。茎秆太粗时，要先把基部切开，切口约为剑山针长的两倍，然后再插入，这样较易稳固。如一个剑山的重量不够支撑时，可以加压剑山，务求稳定。

粗大的树干无法配合剑山使用时，则可用钉子将切口钉在木板上，然后放入盆中，用石块盖压木板。

(2)瓶插固定法。高瓶插花不能配合剑山使用，固定的作用一是使花枝不会直插入深水中引起腐烂，二是可使花枝处于不同的角度，便于造型。因此，有较高的固定技术才能使花枝位置稳定，一般有以下几种固定法。①瓶口隔小格法。用有弹性的枝条把瓶口隔成小格，以减少花枝晃动的范围。剪取2~4段比瓶口直径稍长的茎或"Y"形枝条，轻轻压入瓶口1~3厘米处，把瓶口隔成几个小格，在其中一个小格内插入花材，以十字架为支撑点，末端则靠紧瓶壁得以定位。插好后也可再压入一横枝，

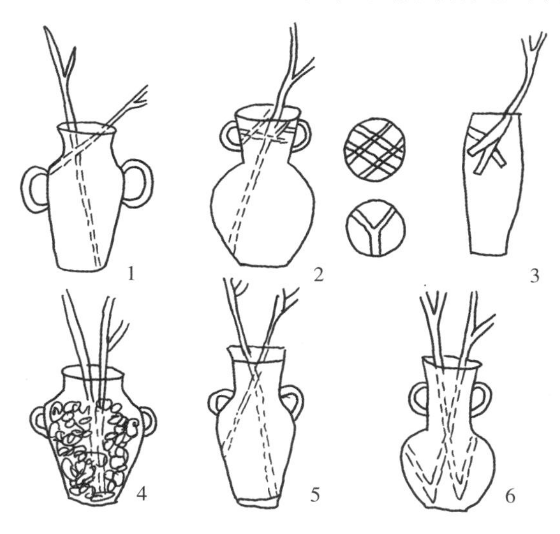

1.直接固定　2.间隔固定　3."丁"字形固定　4.金属网固定　5、6.折曲固定

图9–18　瓶插固定法

把花材插紧。此外，还应注意花材的平衡，找好花材的重心。如需自动转向，则应向相反方向加压使之稍弯，使力得以平衡，枝条位置能固定。②接枝法。在花枝上绑接其他枝条，使枝条、瓶壁和瓶底构成三个支撑点，限制其摆动。木本枝驳接时可把枝条端部劈开裂口，互相交叉夹住。草本枝茎较软，可将竹签横向插入茎内，利用竹签与瓶壁支撑，使花材固定。③弯枝法。利用枝条弯曲产生的反弹力，使枝条靠紧壁得以固定位置。但注意不能折断，否则失去作用。这种方法适用于较柔软的枝条。④铁丝网固定法。把铁网卷成筒状放入瓶内，利用铁丝固定花材。

(3)花泥固定法。这是近年来流行的方法，使用方便，无须高超的技术，枝条随意插入都能固位，西式插花更需用花泥才能保证几何图形的轮廓清晰。花泥的使用方法：先按花器口的大小将花泥切成小块，一般应高出花器口 3~4 厘米；然后将花泥浸入水中，让其自然下沉（不要用手按，以便内部空气排出），吸足水后即可拿出使用。为了稳定，可用防水胶带把花泥固定在花器上。当花器较高时，可在花泥下面放置填充物。当花器是不能盛水的竹篮时，则可在花泥下部垫锡箔纸或塑料袋。为防锡箔纸滑脱，可先将锡箔纸弄皱再用。插粗茎干时，应用铁丝网罩在花泥外面，以增强支撑能力。

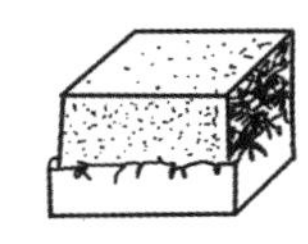

图 9-19　花泥固定法

第十章 传统东方式插花

第一节 传统东方式插花艺术的特点

插花艺术为人们的文化生活带来了无穷的艺术活力和生活乐趣，它的发展反映了一个国家、一个地区、一个时代的精神面貌和经济状况。因此，插花艺术的产生和发展必然受到社会经济、民族意识、时代文化等诸多因素的影响。在插花的发展历程中，产生了传统西方式插花与传统东方式插花两大流派，它们拥有明显的区别与特色。东方人多性情稳重内向、委婉含蓄，受儒家思想影响较深，故在插花的创意与表现手法上，其特点与风格可以用真、善、美、圣这四个字来加以概括。

图 10-1 独占春日

一 自然之“真”

传统的东方人酷爱自然、崇尚自然，对自然美景有着独特的审美情趣和审美观点，讲求“物随原境”“形肖自然”，即所表现的景观需符合万物自然生长的规律，不能含有明显的人工痕迹，这是中国国画和插花艺术的理论基础。正如袁宏道所论述的“花妙在精神，精神人莫造，寓意于物者，自得之”“使观者疑丛花生于碗底方妙” 的境界。这就要求插花者深入观察，了解植物的生长习性，思考其美之所在与其美之精华，并融入个人的情感与审美，在此基础上加以提炼和表现，使作品展现出充沛的自然生命力和美感，具有能震撼人心灵的感染力。这是传统东方式插花的精髓所在，所以，传统东方式插花又被称为“自然式插花”。

图 10–2 “梅雨满江春草歇，一声声在荔枝枝”

二 人文之“善”

中国文化深受儒家思想的影响，而儒家美学以“善”为宗旨，所以中国人的审美观也以“善”为核心。在儒家文化思想的指导下，花卉也被赋予了美好的象征含义，如生活中人们称松、竹、梅为“岁寒三友”，以此象征傲雪凌霜、不畏严寒的品格；取梅、兰、竹、菊为“花中四君子”，以此比喻君子之儒雅、脱俗；用玉兰、海棠、牡丹、桂花来代表“玉堂富贵”。人们用象征、寓意、谐音的技巧，营造一种含蓄、和谐的氛围，借花明志、对花抒怀，并给作品赋以某种命题，使作品展现一种特定的意境。这是传统东方式插花所特有的风格。

图 10-3　芍药

三 艺术之“美”

插花创作中的艺术美包括素材美、布局美、色彩美、造型美、构思美和整体艺术美。梅花因其横斜疏影、曲折多姿的姿态美，雅而不艳、灿烂秀丽的色彩美，逢冰雪而怒放、不畏严寒的内涵美而成为传统东方式插花的最佳素材之一。

花材的位置讲究疏密有致、起伏有势、虚实结合、刚柔相济、气脉相连。如“画苑布置为妙”“得画家写生折枝之妙，方有天趣”。

作品的色彩创意追求统一和谐的色彩效果，力求艳而不俗、雅而不谈，据环境与创作的需要，色彩或绚丽，或素雅，带给人一种明快而亮丽、清新而自然的视觉感受。

整体艺术美指插花作品各创作环节之间、各创作要素之间、作品与环境之间的有机配合所产生的综合艺术效果。即通过插花创作，来创作一个高雅、浪漫、和谐的环境空间，产生一种环境艺术美。这是艺术插花的最终目的。

图 10-4 “夏有凉风”

四 “圣”洁之尊

艺术是神圣的，艺术创作亦是神圣的。东方人认为花卉是神圣的，怀着一颗崇敬之心去看待它，以花悟道、修身养性，使插花也有一种神圣感，讲求“心正花正”，进而“花正心正”。以自然之美来正人之心态，来怡情娱趣，这是真正的艺术境界。

东方人常用写实、写意或二者相结合的艺术手法，来表现花卉的姿态美、布局美、色彩美和意境美，是一种自然美与人文美相结合的艺术美。这不仅是一个艺术创作活动，也是一个精神享受过程。

图 10–5 剑指云霄

第二节 传统东方式插花的基本花艺造型

一 基本花艺造型结构

传统东方式插花通常指以中国和日本为代表的插花，与西方式插花相比，它的特点在于其用花量不大，且讲求枝叶的巧妙配合，追求自然造型的艺术美感，轻描淡写，清雅绝俗。

在大自然中生长的植物千姿百态，人们的观赏品味也各不相同，再加上人为的创意与改造，可以将花材插出无尽的造型。但是我们只有掌握了基本的花艺造型插作要领后，才能够进入万变不离其宗的自由创作境界。

制作基本花艺造型需要掌握枝条的长度比例关系和插枝的位置，并且要熟悉各种花艺造型的创作要求。浅盆插花可用剑山作为固定工具，而剑山一般应放在容器的边角位置，也可以使用花泥，但欲使作品清雅、插脚洁净，则还是用剑山更好。高瓶插花可采用瓶口做架等各种固定技巧。

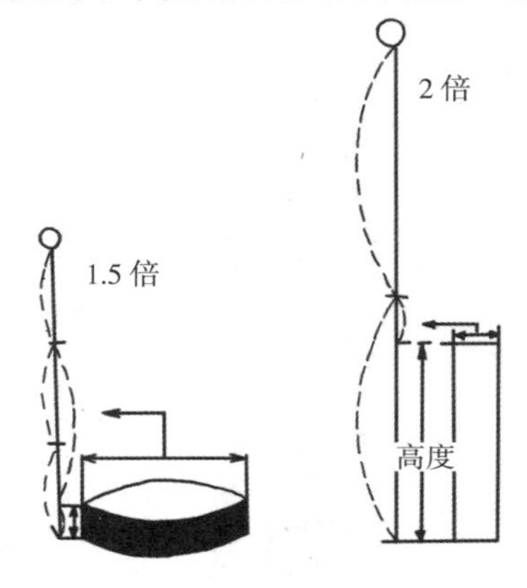

图 10-6　第一主枝与容器的比例关系

东方式的基本花艺造型一般都由三个主枝构成骨架，然后再在各主枝的周围插些长度不同的辅助枝条以填补空间，使花艺造型丰满并有层次感。

第一主枝是最长的枝条，一般选取具有代表性的枝条作为第一主枝，应选用生长旺盛健康、枝形优美流畅的枝条或花朵。第一主枝的插放位置决定了花艺造型的基本形态，如直立、倾斜或下垂。第一主枝的长度取花器高度与直径之和的 1.5~2 倍，一般盆插取 1.5 倍，瓶插取 2 倍。

第二主枝是协调第一主枝，使之成为更为完美的枝条，第二主枝一般与第一主枝选用同一种花材，以弥补第一主枝之不足。第二主枝向前倾斜，使空间伸展，从而使花艺造型具有一定的宽度和深度，呈现立体感。其长度应为第一主枝的 1/2 或 3/4。第三主枝是起稳定作用的枝条，主要作用是使花艺造型更均衡。第三主枝可与第一、第二主枝取同一花材，也可另取其他花材，若第一、第二主枝为木本花材，则第三主枝可选草本花材，以求外形和色彩有所变化，它的长度应是第二主枝的 1/2 或 3/4。从枝是陪衬和烘托各主枝的枝条，其长度应比它所陪衬的枝条短，在各个主枝的周围辅助,其数量根据需要而定,能达到效果即可。从枝一般选用与主枝相同的花材,若三个主枝都是木本花材,则从枝应选草本花材。各枝条的相互位置和插枝角度不同,则花艺造型就有所不同。

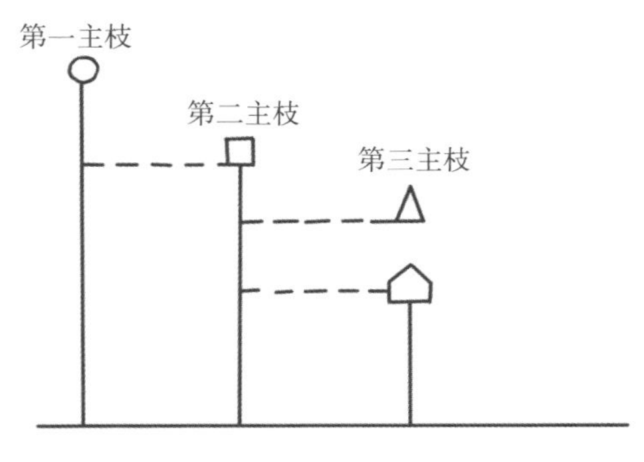

图 10–7　第二、三主枝长度的确定

二 传统东方式插花的基本花艺造型

1.直立型

直立型花枝直立向上插入容器中,利用其直立性的垂直线条,表现其刚劲挺拔或亭亭玉立的姿态,带给人端庄稳重的艺术美感,宜平视观赏。

直立型主要表现植株直立生长的形态。在总体轮廓上应保持高度大于宽度、整体呈直立的长方形状。直立型插花要求:第一主枝以 10°~15°的角度插入,基本上呈直立状;第二主枝向左前以 45°的角度插入;第三主枝向右前以 75°的角度插入。注意三个主枝不要插在同一平面内,应呈现出一个有深度的立体造型,故第二、第三主枝一定要向前倾斜,主枝位置插定后,还要插入焦点花。焦点花应向前倾斜,让观赏者可以看到最美丽的花顶部分,同时因花顶部分面积较大,可以遮掩剑山和杂乱的枝茎。焦点处绝不能有空洞或一堆不雅的枝茎。因花型有向前的倾向,因此最后还要在第一主枝旁插一枝稍短的后补枝,修补背面,把重心拉回,既有稳定作用又增加花型的透视感。主枝与主枝之间要留有空间,不要把空间填塞。第一主枝也可插在右方,那么,第二、第三主枝的位置、角度也要随之变化,遵循逆时针式插法插花。最后再插上陪衬的从枝,完成造型。

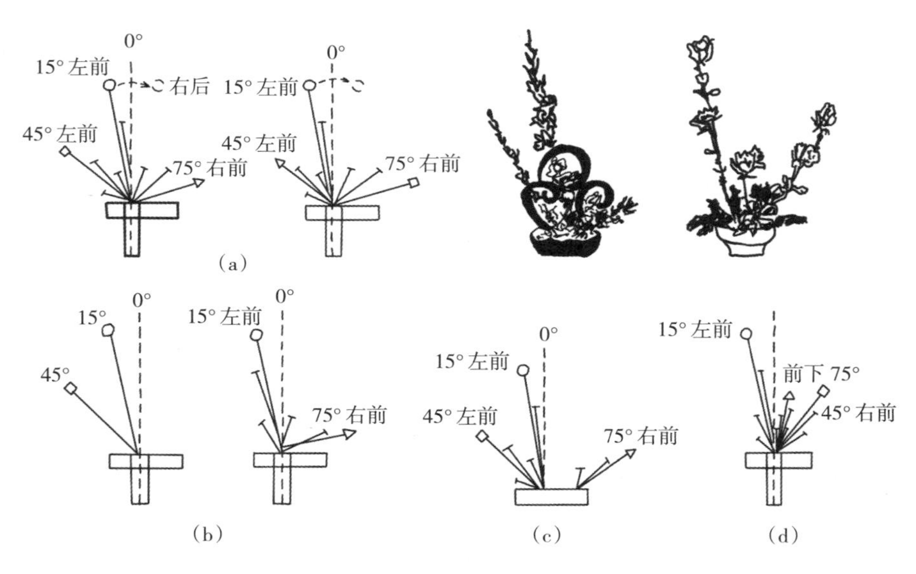

图 10-8　直立型盛花花艺造型示意图

2.倾斜型

倾斜型的主要花枝向外倾斜，这种花型利用一些自然弯曲或倾斜生长的枝条，表现生动活泼、富有动态的美感，宜平视观赏。总体轮廓应呈倾斜的长方形，即横向尺寸大于高度，才能显示出倾斜之美。倾斜型要求第一主枝向左前呈 45°倾斜，第二主枝向左前呈 15°倾斜，第三主枝向右

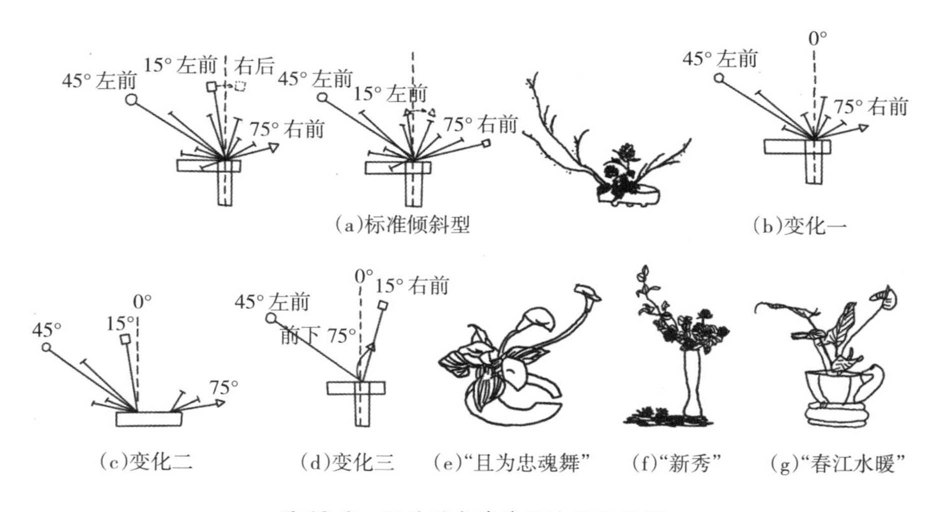

(a)标准倾斜型　(b)变化一

(c)变化二　(d)变化三　(e)“且为忠魂舞”　(f)“新秀”　(g)“春江水暖”

图 10-9　倾斜型盛花花艺造型示意图

前呈 75°倾斜。同样，第一主枝也可向右 45°倾斜，第二、第三主枝的位置、角度也随之变化，遵循逆时针式插法。

3.平展型

平展型的主要花枝横向斜伸或平伸于容器中，这种花艺造型着重表现花枝横斜的线条美或横向展开的色带美。平展型要求第一主枝的位置可由倾斜型的第一主枝左下斜 85°左右来确定，基本上与花器成水平状造型。第二主枝向右前下斜 65°，第三主枝向右前倾 75°，最后再插上陪衬枝条完成造型。

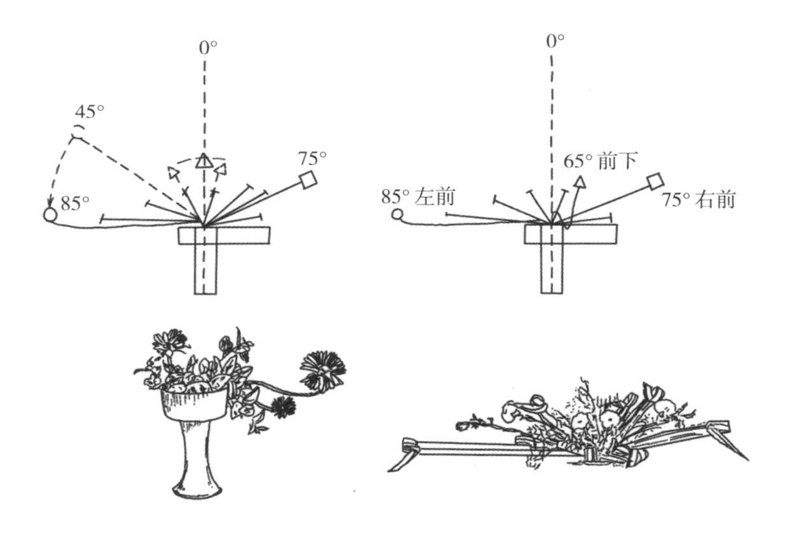

图 10-10　平展型盛花花艺造型示意图

4.下垂型

下垂型的主要花枝向下悬垂插入容器中，这种花艺造型多利用蔓性、半蔓性及花枝柔韧易弯曲的植物，表现修长飘逸、弯曲流畅的线条美，画面生动而富装饰性。这类花艺作品一般陈设在高处或几架上，仰视观赏为宜。总体轮廓应呈下斜的长方形，瓶口上部不宜插得太高。下垂型要求，第一主枝可由倾斜型或平展型第一主枝变化而来，使其向下悬垂，低于瓶口，其他主枝的位置与角度与倾斜型相同。

(1)组景式插花。组景式插花是将两种相同或不同的花型组合，形成一个整体的造型作品。在自然界中，不仅能看见单株植物的生长表现，还能看到各个单株植物相互呼应、相互联系的植物群体。高大的乔木、低矮

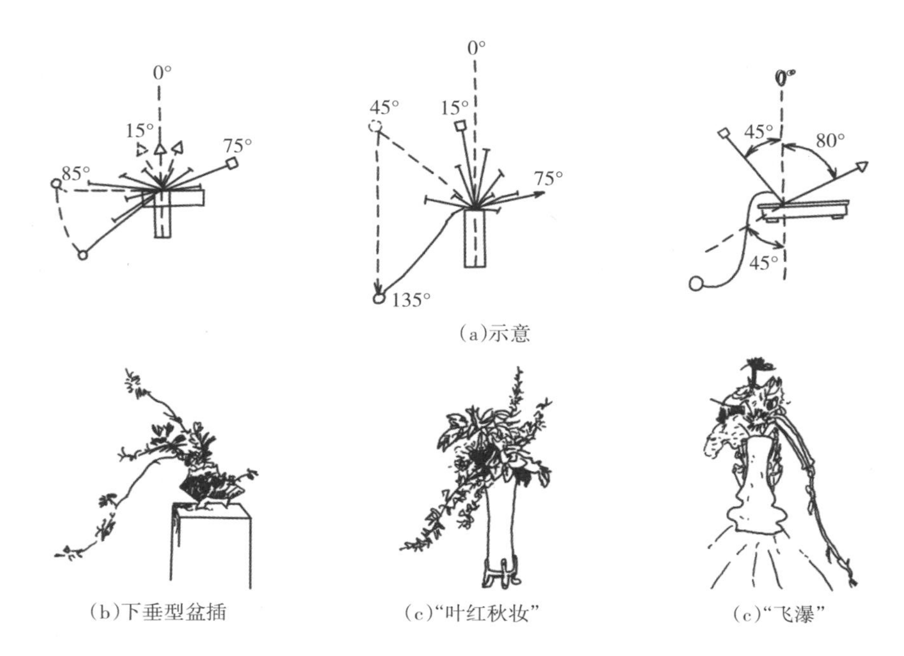

(a)示意

(b)下垂型盆插　　(c)“叶红秋妆”　　(c)“飞瀑”

图 10-11　下垂型盛花花艺造型示意图

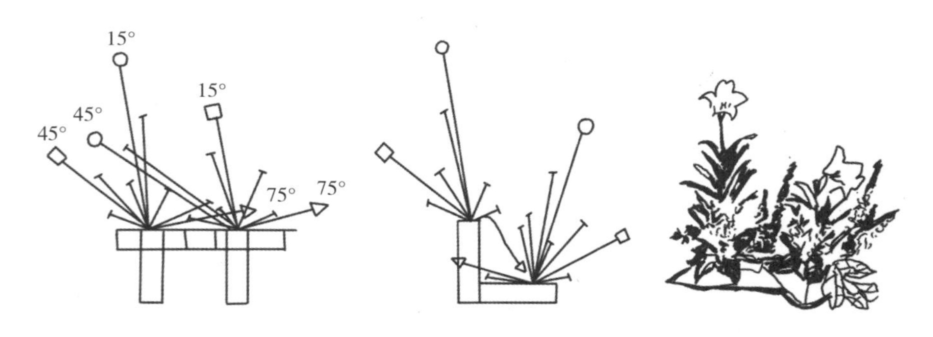

图 10-12　组景式插花盛花花艺造型示意图

的灌木,以及匍匐的地被、苔藓等,相互依托,组合成千变万化的景色。组景式插花一般由两个或两个以上的花艺造型组合而成,各花艺造型之间有主次之分,还有呼应关系。花材的使用必须协调,切勿造成作品含有无关的花材,而失去作品的统一感。

(2)写景式插花。写景式插花是在盆内的方寸之间表现自然景色的一种插花形式,可参照自然景色中的湖光山色、树木花草的姿态,运用特殊的手法，将大自然的美丽景色夸张地表现出来，这种把大自然景象融于插花艺术中的表现形式，最能表现自然，引人入胜。

图 10–13　写景式插花

第十一章 传统西方式插花

第一节 传统西方式插花艺术的特点

传统西方式插花，一般指欧美各国传统的插花艺术形式。欧美各国由于地理位置、民族文化、风俗习惯等方面的相似，因而在宗教信仰、插花艺术等思想文化形态方面也表现出许多共同特点，形成了统一的西方插花艺术体系和风格。其特点如下：

第一，用花量大，多以草本、球根花卉为主，花朵丰满硕大，给人繁茂之感。

第二，构图多用对称均衡或规则几何形，追求块面和整体效果，极富装饰性和图案之美。

第三，色彩浓重艳丽，气氛热烈，有豪华富贵之气魄。

图 11-1 传统西方式插花

西方传统插花艺术风格的形成可以追溯到古埃及。古埃及人把金字塔建在大片金黄色的沙漠之上，在烈日的照耀下，金字塔闪闪发光，显得宏伟、壮阔、崇高、神秘，表现了法老的权威和稳固的统治，这种几何形的建筑对西方文化产生了极大的影响。西方哲学也影响着西方的文化艺术。西方哲学始终强调理性对实践的认识作用，认识、看待一切事物都是建立在“唯理”的基础上的。美学也不例外。这种“唯理”观念到欧洲文艺复兴时期更为强烈，提倡“人文主义”，认为“人是万物之首”“宇宙也要由人来主宰”，人与自然是艺术的真正对象，因此美学注重对人体比例的研究，力图从中找出最美的线条和最美的比例，想用一种程式化、规范化的模式来确定美的标准和尺度，强调整齐一律、平衡对称，推崇几何图形等。这些在插花艺术上表现为，形成几何形、图案式插花，强调理性和色彩，以抽象的艺术手法把大量色彩丰富的花材堆砌成各种图形，表现人工的数理之美，装饰性强。

第二节　传统西方式插花的基本花艺造型

一　基本花艺造型分类

1.按观赏方向分类

（1）一面观花型。只能从正面观赏，多靠墙摆设。如三角形、扇形、倒“T”形、“L”形、不等边三角形等。

（2）四面观花型。可从四面多角度观赏，多摆在餐桌或会议桌上。如半球形、水平形、弯月形、“S”形、圆锥形等。

2.按造型结构分类

（1）对称式花型。作品外形轮廓整齐对称。造型时，可在中轴线两侧或上下均匀布置形状、数量、色彩相同的花材，也可在中轴两侧选择不同的花材，通过量、色和形等不同因素保持两侧平衡，只要中轴两侧尺寸相等则可。如半球形、水平形、三角形、扇形、倒“T”形等。

（2）不对称式花型。外形轮廓不对称，常见的有“L”形、“S”形、新月形、不等边三角形等。

二 基本花艺造型介绍

1.三角形

三角形是单面观赏对称构图的造型，是传统西方式插花中的基本形式之一。花形外形轮廓为对称的等边三角形或等腰三角形，下部最宽，越往上部越窄，外形酷似金字塔。造型时先用骨架花插成三角形的基本骨架，再把焦点花插在中央高度 1/5~1/4 处，然后插入其他主体花朵，最后用补花填充，使花朵均匀分布呈三角形，下部花朵大，向上渐小。这种插花结构均衡、优美，给人以整齐、庄严之感，适用于会场、大厅、教堂装饰，可置于墙角茶几或角落家具上。常用浅盆或较矮的花瓶做容器。

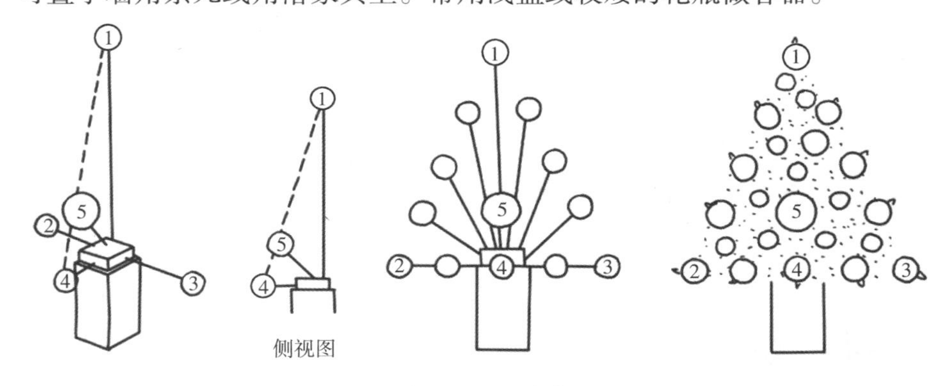

图 11-2　三角形具体插作步骤示意图

2.扇形

扇形为放射状造型。花由中心点呈放射状向四面延伸，整体轮廓如同一把打开的扇子。适用于迎宾庆典等礼仪活动装饰，以烘托热闹喜庆的气氛，装饰性极强。

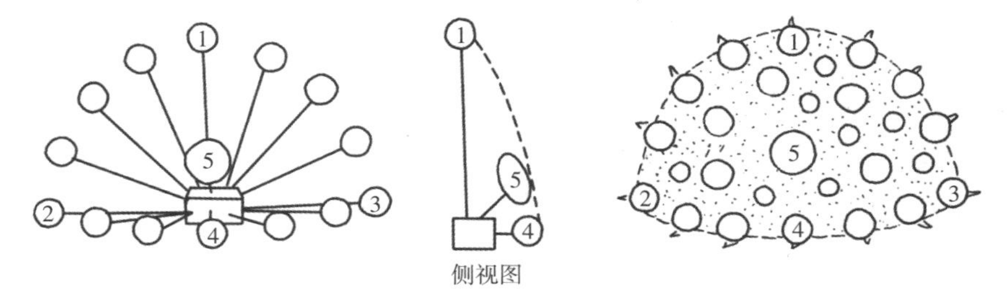

图 11-3　扇形具体插作步骤示意图

3.倒“T”形

倒“T”形是单面观对称式花型，造型犹如英文字母“T”倒过来。插制时，竖线须保持垂直状态，左右两侧的横线呈水平状或略下垂，左右水平线的长度一般是中央垂直线长度的2/3，插法与三角形的相似，但腰部较瘦，即花材集中在焦点附近，两侧花的高度一般不超过焦点花高度。倒“T”形突出线性构图，宜使用有强烈线条感的花材。

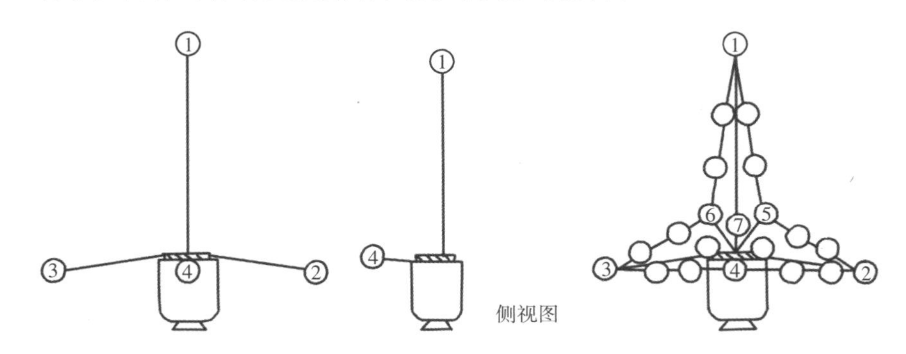

图 11-4　倒“T”形具体插作步骤示意图

4.半球形

半球形插花是四面观赏对称构图的造型，整体轮廓为半球形，所用的花材长度应基本一致，整个插花轮廓线圆滑且没有明显的凹凸部分。半球形插花的花头较大，花器不甚突出。这种插花柔和浪漫、轻松舒适，常用于茶几、餐桌的装饰。

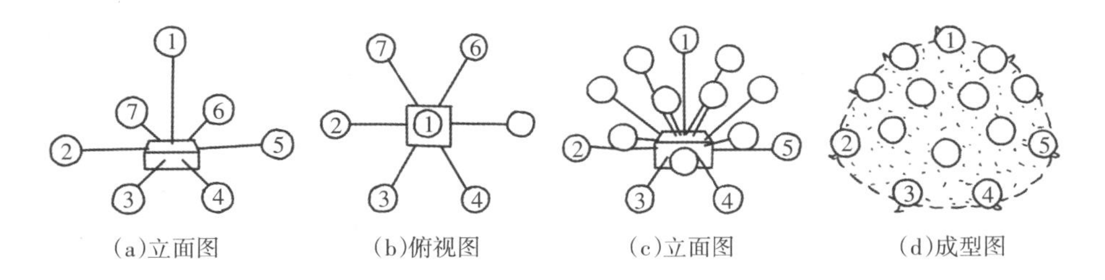

图 11-5　半球形具体插作步骤示意图

5.水平形

水平形插花低矮、宽阔，为中央稍高、四周渐低的圆弧形插花体，花团锦簇，豪华富丽，多用于接待室和大型晚会的桌饰。

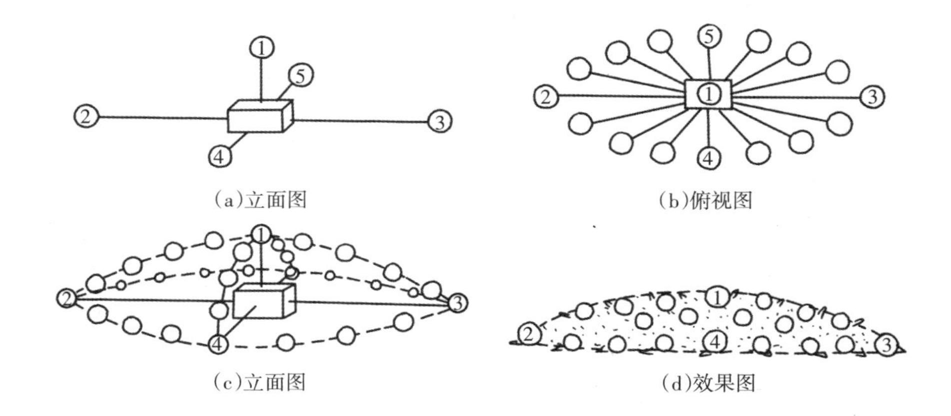

图 11-6 水平形具体插作步骤示意图

6.圆锥形

圆锥形为四面观赏的对称式花型。外形如宝塔,稳重、庄严。从每一个角度侧视均为三角形,俯视每一个层面均为圆形。其插法介于三角形与半球形之间。

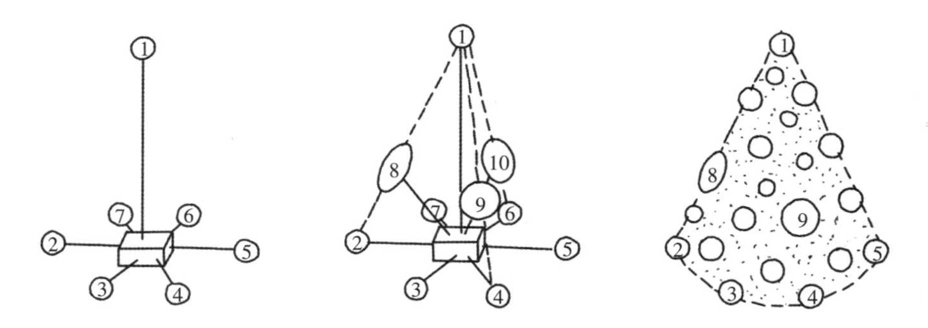

图 11-7 圆锥形具体插作步骤示意图

7.“L”形

“L”形是不对称式花型,适于摆设在窗台或转角的位置。与倒“T”形基本相似,但它左右两侧不等长,一侧是长轴,另一侧是短轴,强调纵横两线向外延伸。

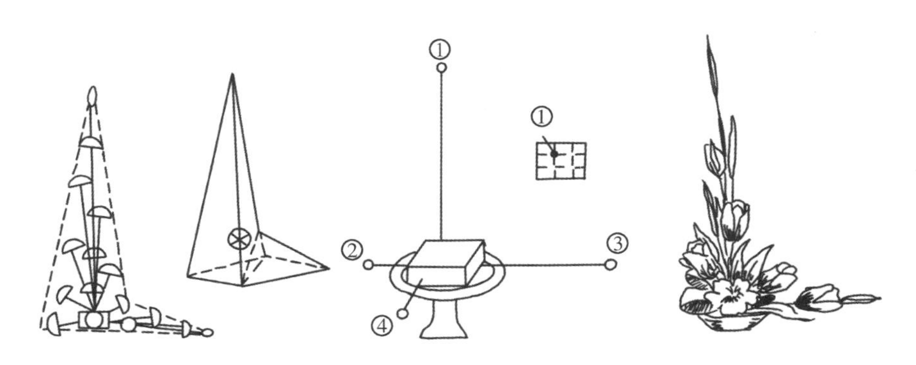

图 11-8 “L”形具体插作步骤示意图

8.弯月形

弯月形插花如弯月,是表现曲线美和流动感的花艺造型。适用于室内摆设和馈赠礼品。这种花艺造型也可用于篮式插花,是生日花篮的常用造型。造型时宜选择一些弯曲的花材,使茎秆能顺着弧线的走向,不破坏造型。

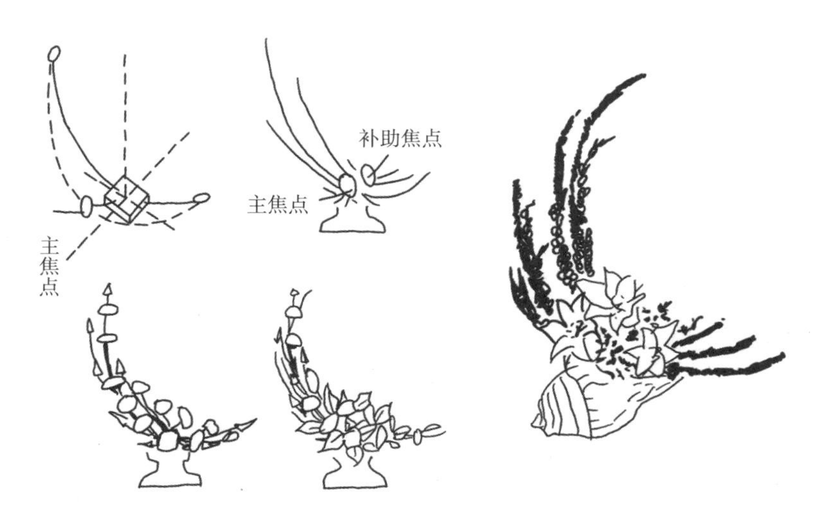

图 11-9 弯月形具体插作步骤示意图

9."S"形

"S"形相传是由英国画家赫加斯以古老的螺旋线为灵感设计出来的，故也称"赫加斯形"。它美丽优雅，很受人们喜爱。这种造型宜用较高的花器，以充分展现其优美的姿态。

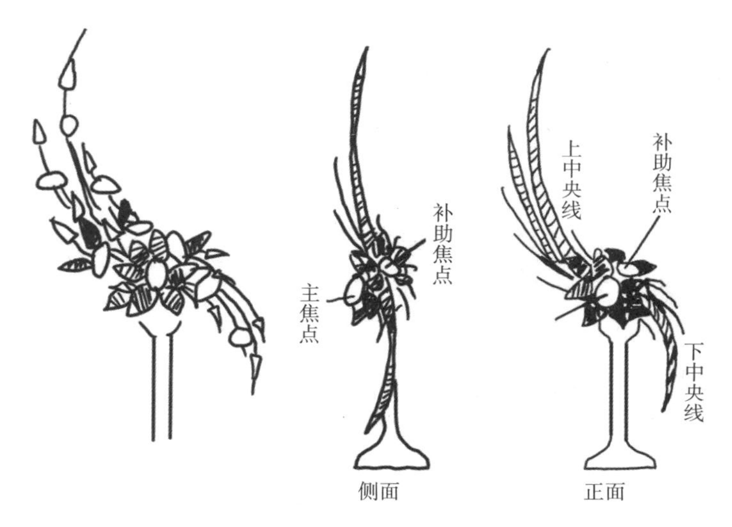

图 11-10 "S"形具体插作步骤示意图

第十二章 现代式插花

第一节 现代式插花艺术的特点

一 丰富多样的插花素材

随着科学技术的发展，园艺家们采用引种、嫁接、杂交育种、辐射育种等手段培育了大量观花、观叶、观果、观枝、观芽等植物新品种。这些色彩鲜艳、形态优美、姿态各异的花材大大丰富了插花的素材。许许多多自然和人工的辅助材料（如卵石、贝壳、麻、绳、树皮、藤、羽毛，以及丝带、亮珠、金属、玻璃、仿生鸟、仿生蝴蝶等）的引入丰富了插花元素，便于插花者表达创作意图，拓展了插花的题材和内容。

图 12-1　现代插花赏析(1)

二 东西方文化交融

东西方文化的相互交流、吸收，使现代花艺的表现手法相互交融，继而渐成一体，有时有的作品竟不易分出是东方式插花，还是西方式插花。如现代的几何形插花就是传统的西方几何形插花吸收了传统的东方插花的重线条、留空白的表现手法而形成的。现代的几何形插花不再没有韵味，减少了部分草本花材，加入了过去西方几乎不用的木本花材（如龙柳、藤蔓等），或将茎叶弯曲以产生线条美，形成变化了的几何形，显得活泼、优雅。各国各民族不同的文化背景，不同的风土人情，始终深刻地影响着各领域艺术的发展。西方崇尚理性、装饰的形式美，东方崇尚虚实相生的意境美，使其各自的现代花艺仍保持着特有的艺术风格。

图 12-2　现代插花赏析(2)

三 新奇的插制技巧层出不穷

传统的东方式、西方式插花都不讲究对花材做过多的加工处理。现代花艺为表现各种不同的创作意图，会对花材进行编织、重叠、架构、串联等处理，并非常注重表现花材的色彩和质感，如采取组群、堆积的方式来强调色块的感受和质感的对比，以产生强烈的视觉冲击力。

图 12–3　现代插花赏析(3)

四 灵活、自由、多样的表现形式

流行于东西方的现代花艺的表现形式灵活多样。既有用各种器皿插制的盆花、瓶花、篮花、碗花，也有无须器皿的花束、花车、花架、花偶人；有装饰环境用的桌花、壁挂花、花环，也有装饰人体用的头花、肩花、捧花、腕花、胸花；有庆贺礼仪用的多层花篮，也有探亲访友用的蔬果花篮；有插的花，有绑的花，还有浮的花；有微型插花，也有大到像建筑物一样的绿色雕塑。

图 12-4　现代插花赏析(4)

五 广泛、深刻的创作题材

飞速发展的现代化建设,每天都给人们无穷的创造力、想象力,各种抽象的、新奇的、人为力量的新潮设计也层出不穷。而现代化的生活使人们更需要与自然亲近,于是,贴近自然、返璞归真的理念越来越多地体现在现代花艺的设计中,产生了崇尚自然、再现自然景观的山水设计、田园设计、庭园设计、植物生态设计等。科技的发展带给人们现代化的享受,然而大量森林被破坏、污染物的增多又给人们以沉重的思考,反映人类忧思、提醒人们环保的设计也处处可见。这种设计不用花泥、不用不易自然降解的素材,改用石头、枝条或一些废弃物品,在花色的搭配上多用大自然中常见的黄、绿、白为主色,配以枯叶的褐色。

图 12-5　创作题材新颖的插花

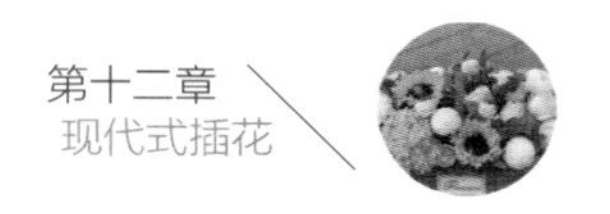

第二节　花篮插花

一　花篮的质地

花篮的质地有藤条、竹篾、原木、塑料等，或粗犷，或精致。

二　花篮的用途

花篮的用途很广泛，可以用于婚嫁喜庆、生辰祝贺、丧事悼念等活动。

三　花篮的花材

花篮的花材是非常广泛的，如剑兰、玫瑰、月季、火鹤、山茶、百合、香石竹、郁金香、非洲菊、天堂鸟、马蹄莲、蝴蝶兰、满天星、补血草、石斛兰、文竹、天冬草、吊兰、南天竹等都是常用的花材。

四　花篮的类型

花篮的类型有致庆花篮、生日花篮、礼品水果花篮等。

图 12–6　致庆花篮

图 12–7　礼品水果花篮

五 花篮的造型

1.放射形

一般采用剑状花或叶作为主体，由中心点呈放射线状向四方延伸，外轮廓呈半圆形。焦点花应放置于下部靠近篮口的位置，前部和篮口用小花和叶片覆盖，使整个花篮有一定的深度，又不感到头重脚轻。

2.对称三角形

单面观赏的三角形花篮，可选用 4 枝穗状花或叶作为主轴，构成框架，垂直轴直立于花篮正中或稍后，左右两水平轴与垂直轴成 90°。前轴的长度可比水平轴短一些，它决定花篮的深度。如有焦点花，应插在中线靠下部1/3 处；如没有焦点花，所选花形差不多，则可较随意，只要在轴线范围内均匀分布即可，然后再在 4 个轴所确定的范围内插一些长短不一

图 12–8 对称三角形花篮

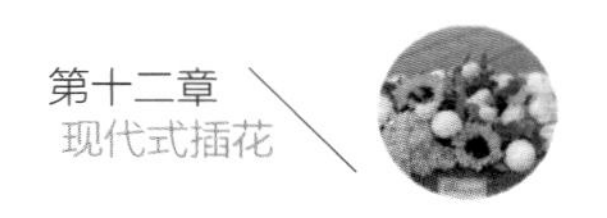

的小花和叶片，但须比主花要低，以免喧宾夺主。如果在前轴的反方向再插一轴，且前后左右轴长短一样，则成为四面观赏的塔形花篮。

3.曲尺形（“L”形）

这种花篮造型与三角形相似，但在垂直轴和水平轴的顶点连线上不能有花，以强调纵横两线的向外延伸，这种花篮造型可以做多种变化，纵横两轴也可以稍作弯曲，表现得轻松活泼。同时，可以在空隙放上贺卡，或结合礼品、水果等制成花篮。

4.圆弧形

这是表现曲线美和动感的一种花篮造型，也是一种常用的造型形式。先选用合适的花材，插出弧线的轮廓，主焦点在花篮的中央，在焦点的左后方插出左弯线，右后方插出右弯线，左、右弯线的长度不要一样长，其比例为 2:1 左右，沿着这两条曲线插上穗状主花。左、右弯线应由几种长短不同的花材构成，不能仅仅只有一枝叶或花，以免单薄。在弧线的范围内，焦点花的周围插上小花和辅叶，但不论怎样插都不能破坏弧线的轮廓形状。

5.水平形

这种花篮可做成两面观赏的，也可做成四面观赏的。选用穗状花或叶水平插入做主轴或稍向下倾斜，但不可上翘，如选用特殊形状的焦点花，可在中主轴两侧插入，若焦点花形状一般，则可将各种花均匀分布，其花枝的长度以不超出各轴线顶点为原则，使花型轮廓呈中间稍高的圆弧形，在花型正中可放置礼品、水果等，或插上蜡烛，也可用蒲棒代替蜡烛。

6.平行形

宜选用稍长的浅花篮，依照不同的花材成组布置，每组花材都平行排列，作为一个独立的平行线组合。①垂直平行式：即花材垂直水平面平行插制。②斜平行式：花材倾斜平行进行插制。③诠释平行式：以平行线为主，加入其他一些线条或不同花材之间垂直成交叉，使整个花篮造型更加丰富。平行形是近年来流行的花篮造型，较为新颖，同样在此花篮造型中可以加入礼品水果和贺卡。

六 花篮的制作

1.前期准备

(1)准备需要的道具。如花篮、玻璃纸、花泥、切泥刀、剪刀、透明胶等。

(2)浸泡好花泥。

(3)准备新鲜的花材。

2.开始插花

第一步,选取一个椭圆形的花器,放入花泥;将巴西叶插入花泥的周围,打出花篮底部的初步形状——放射状的椭圆形。

第二步,白色紫罗兰沿着巴西叶的形状插入,用来丰满花篮底部的椭圆形。

第三步,在花泥正中间插入排草和排草花,定出花篮正面可见高度。

第四步,再将白玫瑰插在排草的下面,和花泥成30°的斜角插入,花朵与花朵之间保留一定的空隙,然后用黄莺填充这些空隙,既可增加色彩,又可制造出花篮的蓬松感。

第五步,将花束进行整理,让整个花篮从正面看像一个椭圆的鸡蛋,即完成这个作品了。

第三节 花束的制作

一 花束的主要用途

花束可作为馈赠礼品,还可用作装饰,如新娘捧花。

二 花束的分类

1.按制作方法分类

按制作方法可分为有花托和无花托两种。

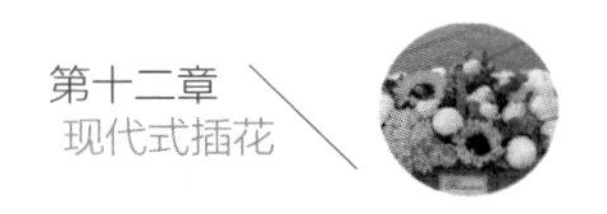

2.按构图形式分类

根据构图形式的不同，可将花束分为圆形、水滴形、松散滴形、拱形、线条形等。

三 自然花束的制作方法与螺旋排列要点

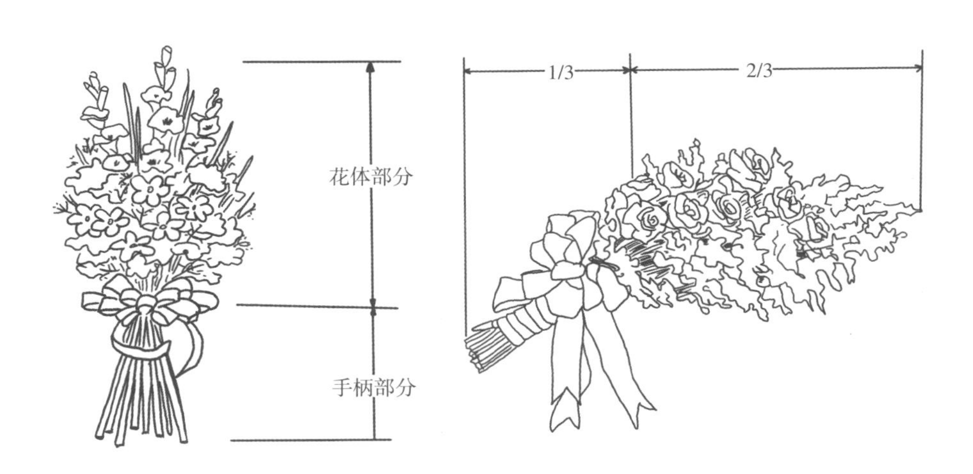

图 12–9　自然花束结构图

无花托的花束亦称为“自然花束”。优点是制作方便。花束各部位的比例见图 12–9。

1.自然花束的制作步骤

第一步，先垂直地拿着一根花材，由拇指方向加入第二根，使花茎仿佛靠在手背上。

第二步，由小指方向加入第三根花材，使花材朝向手背的反方向。

第三步，以第二步的方式在手掌中逐渐加入花材。

第四步，等到单手握满花材后，两手握住花材使花茎呈螺旋状且不弄乱交叉的次序，再加上其他的花材。

第五步，加上叶片，使其花形丰满，插入花器时，添加的叶片可以掩盖住花器口。

第六步，握住花束的手按着绳子，另一只手轻拉绳，绕花束二三圈，把花束扎紧。现在有一种专用的花束扎绳器，可以自动扎紧花束。

图 12–10　手捧花制作步骤示意图

第七步，调整花与花茎的长短，或根据花器的大小、形状，剪除多余的花茎。

这种花束的花材选择比较灵活，可以只选用一种花材制作（如母亲节

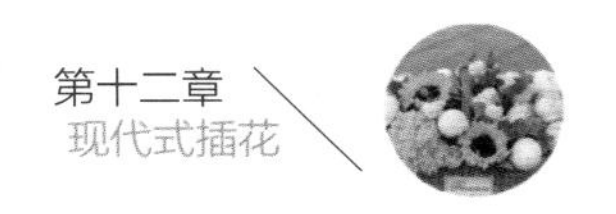

花束),也可选用多种花材制作。关键在于用手正确把持各花材的位置,使其分布恰如其分。

2.螺旋排列要点

(1)自然花束螺旋点在花头以下 15~25 厘米处,螺旋点的位置就是绑扎点的位置,由始至终不变化。

(2)将第二枝花材叠在第一枝花材的上面,按顺时针或逆时针方向在虎口处加入花材,用大拇指固定住。

(3)第三枝花材也用同样的方法加入,以中心位置的花材为轴,一边转动花材,一边用同样的方式加入其他花材,注意添加花材时方向要保持一致。

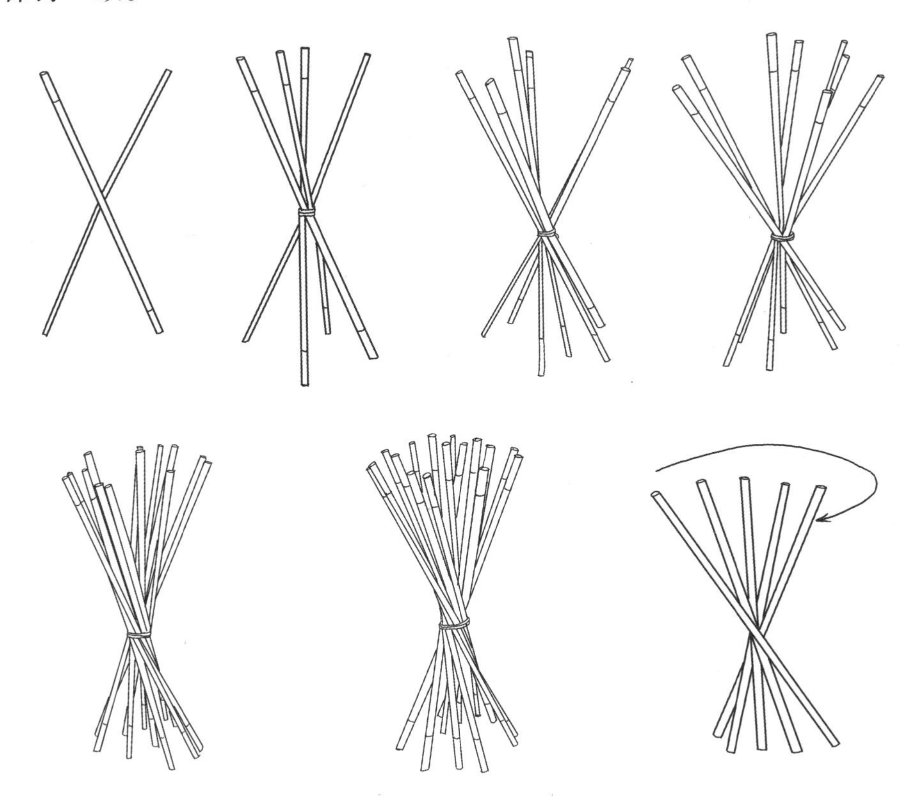

图 12–11　螺旋排列示意图